KB095137

패션 일러스트레이션
FASHION ILLUSTRATION

안현숙 · 배주형 · 손무늬 공저

머리말

패션일러스트레이션은 자신의 예술적인 감각을 시각적으로 이미지화하여 표현할 수 있는 표현기법의 중요한 도구로 사용되어 왔다.

특히, 인간의 본능적인 미의식에 대한 관심에서 비롯되는 패션일러스트레이션은 여러 분야의 창작활동을 표현하는 시각적인 도구로써 다양한 재료와 기법들을 응용한 방법들이 개발 · 연구되고 있다. 이러한 패션일러스트레이션은 다른 사람과의 상호작용 매체로써 자신의 작품을 시각화하여 의미를 전달해주는 매우 중요한 학문인 것이다.

본서는, 패션의 메시지를 객관적인 시각으로 이미지화 하려고 노력하였으며, 일러스트레이션이란 무엇인가를 전달하고자 최선을 다하였다. 아무쪼록 패션디자인 및 패션코디네이션 관련학과 학생들과 패션산업에 종사하는 전문 패션 피플들에게 유용한 지침서가 되기를 바란다.

끝으로, 이 책이 나오기까지 애써주신 선후배님, 그리고 출판사 편집부 직원들에게도 감사를 전한다.

저자 일동

차례

Chapter

01 Face

Face Drawing

Face Coloring

Face Drawing

■ 정면

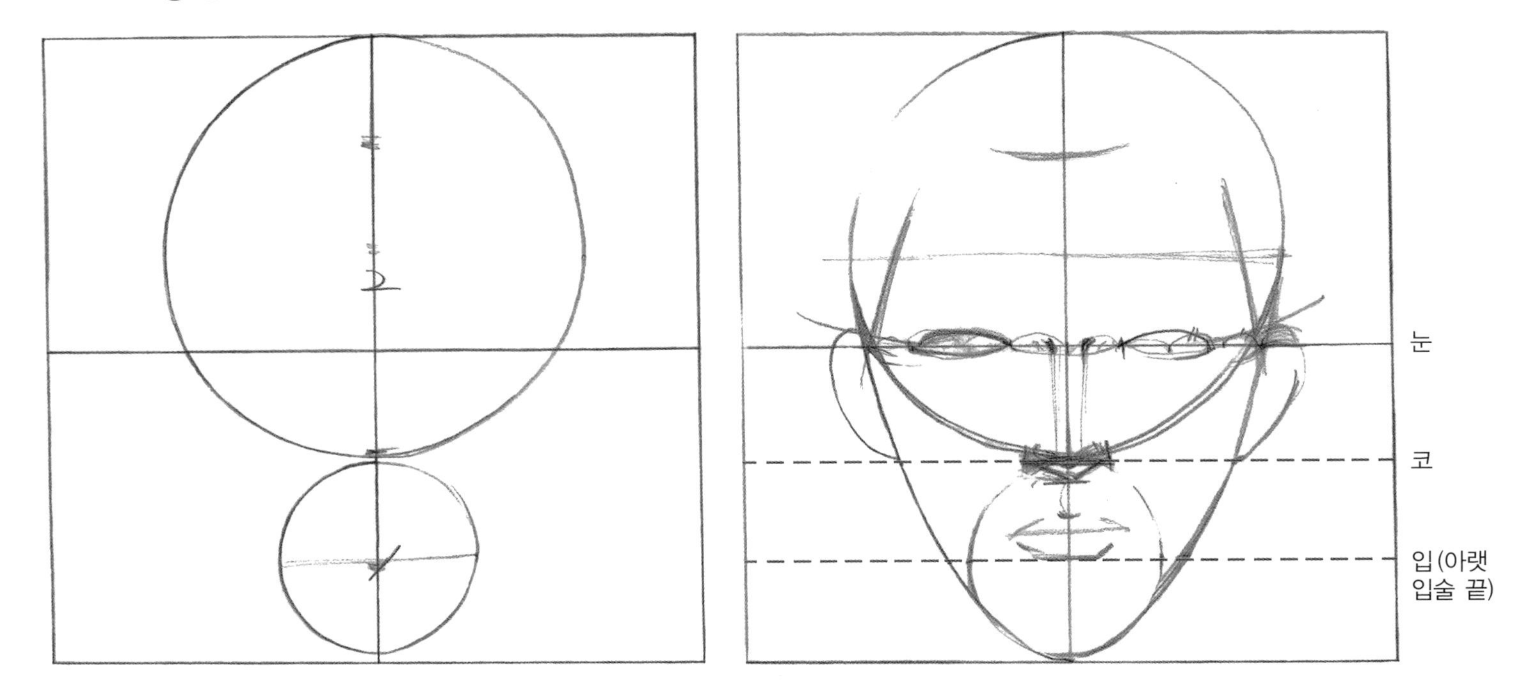

■ 측 면

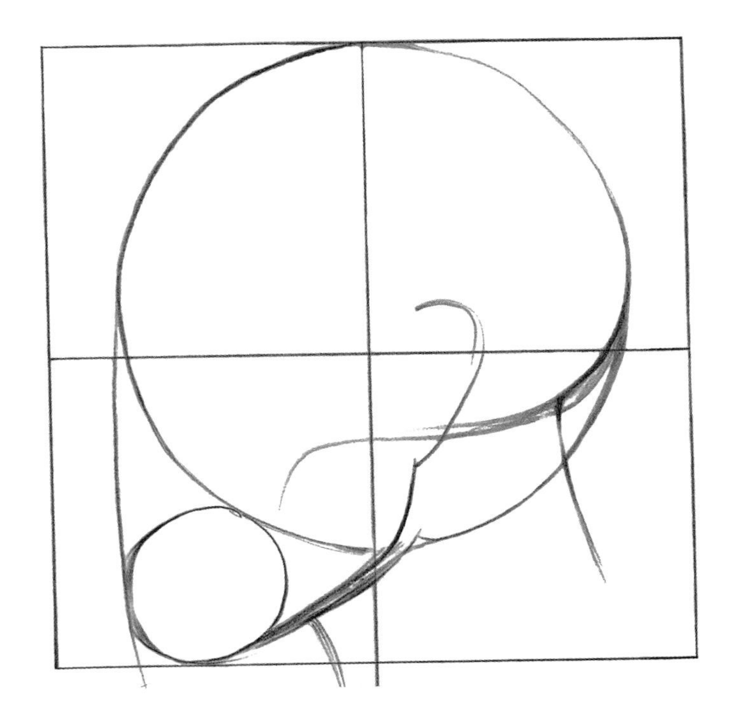

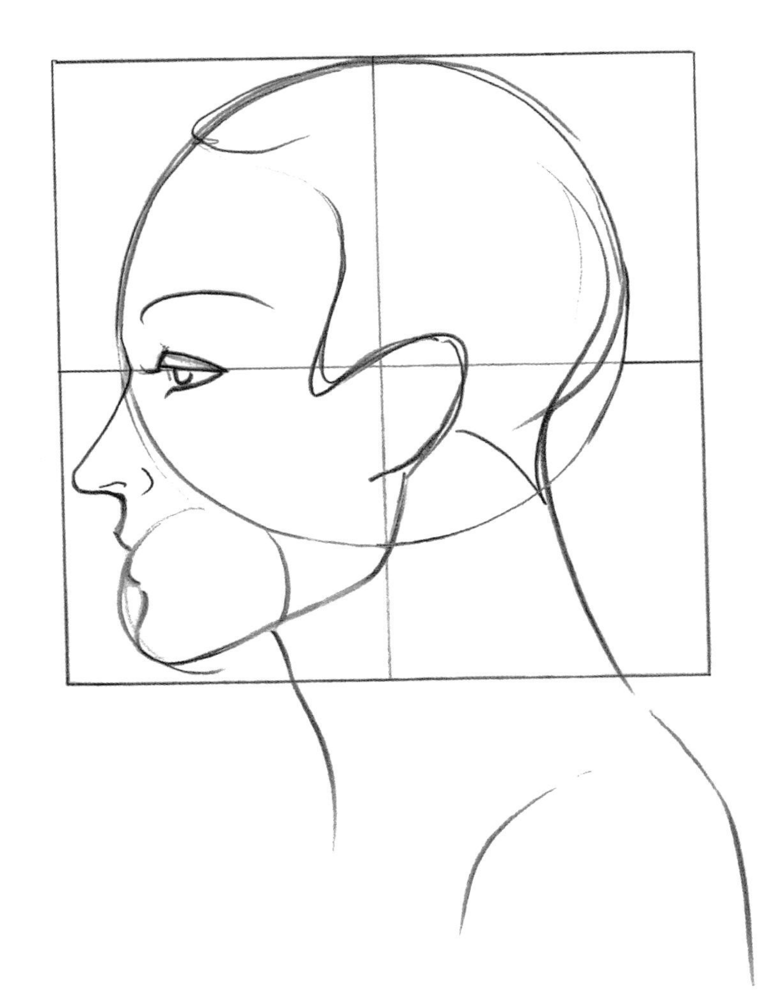

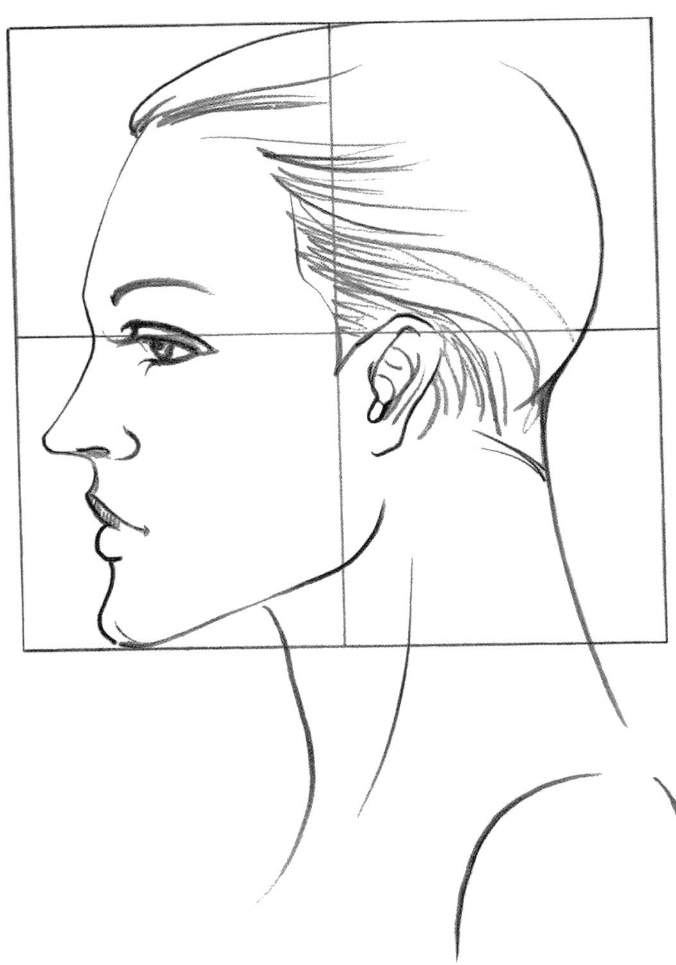

■ 반측면

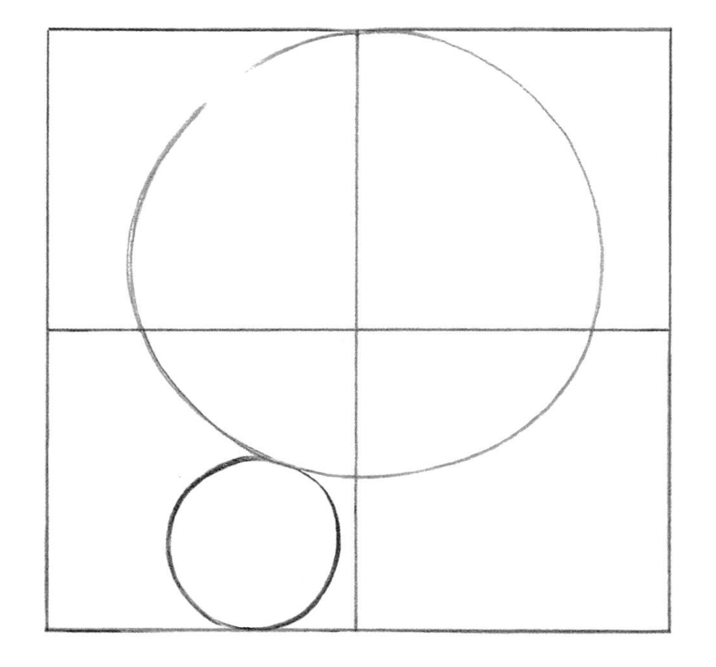

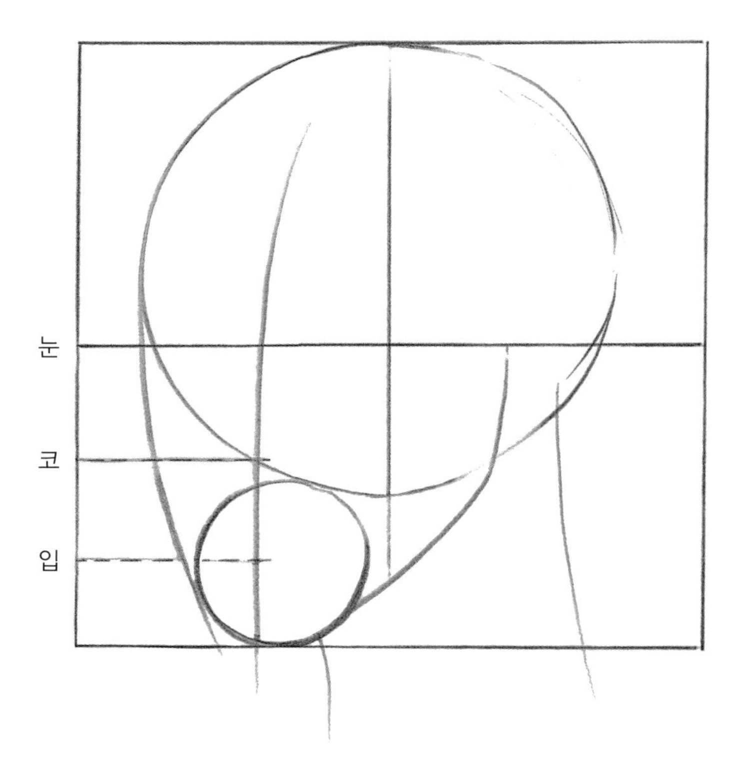

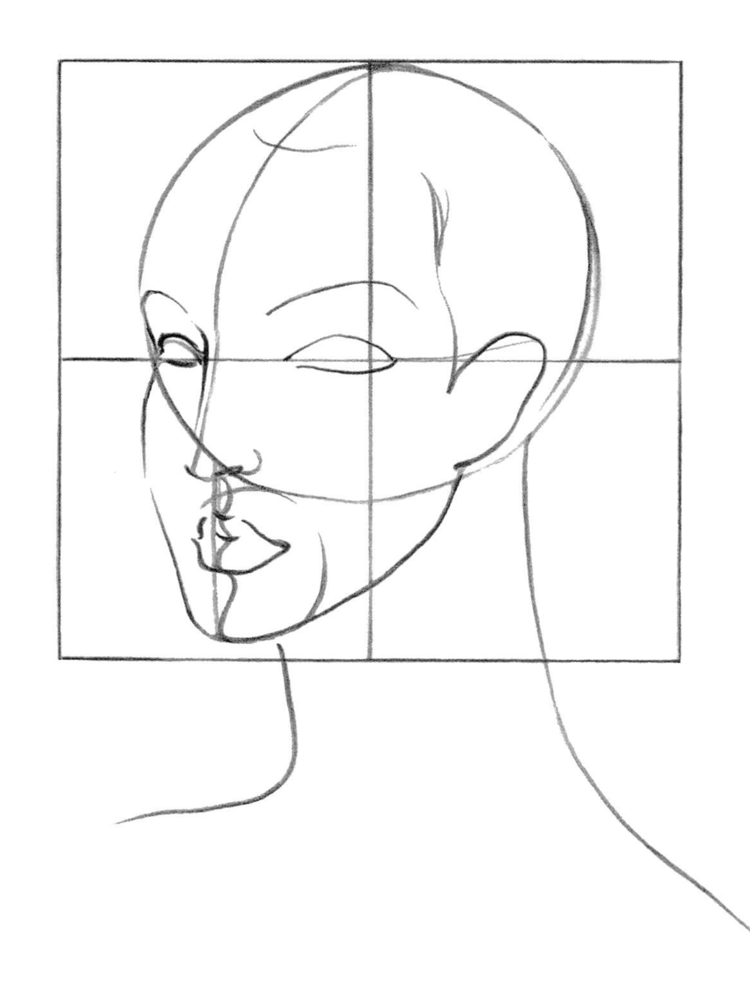

Face Coloring

■ Colored pencil(색연필)

■ Postercolor(포스터컬러)

■ Watercolor(수채화)

■ 붓펜

Chapter

02 각 부위별 Drawing

Hand Drawing
Foot Drawing
Arm Drawing
Leg Drawing

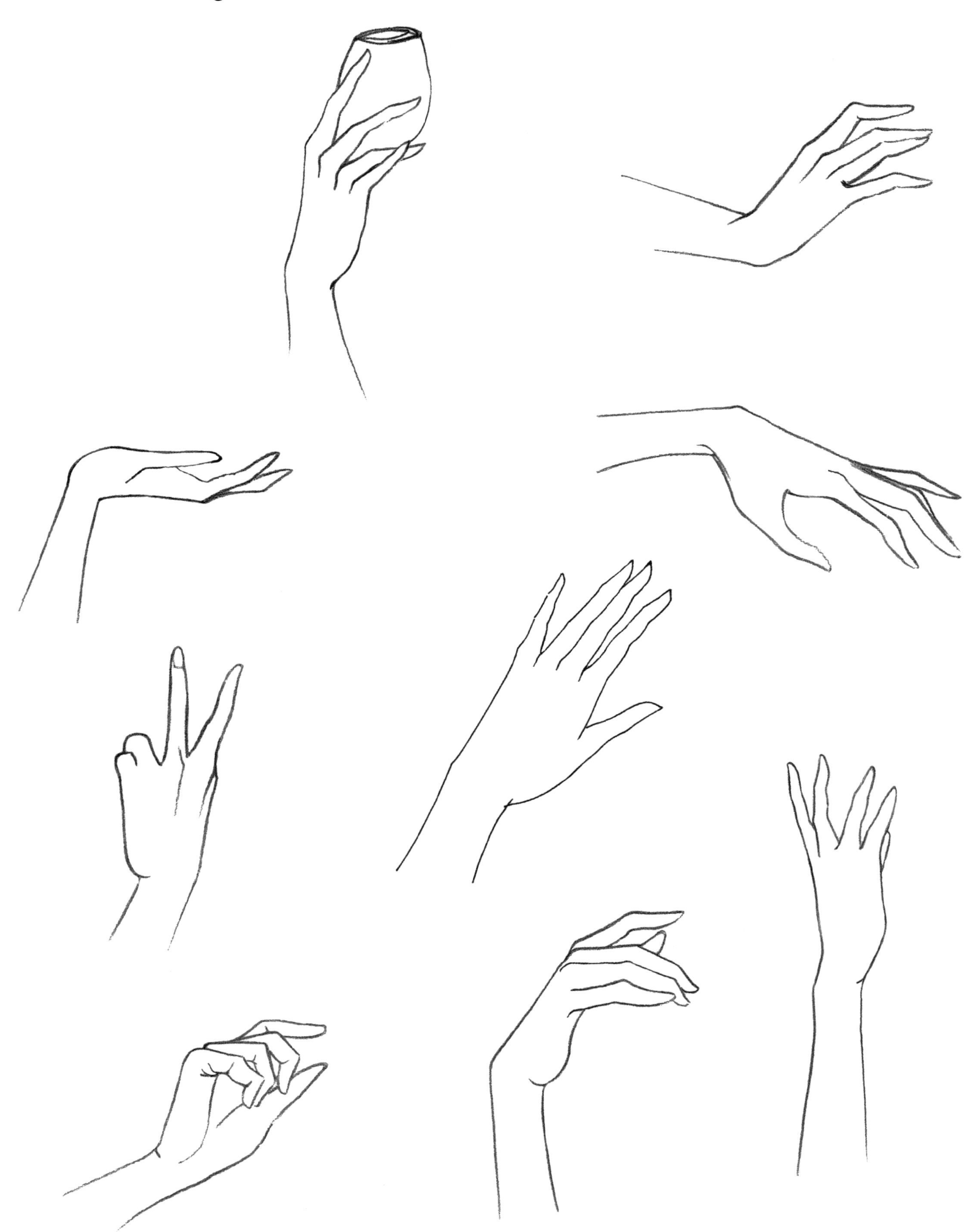

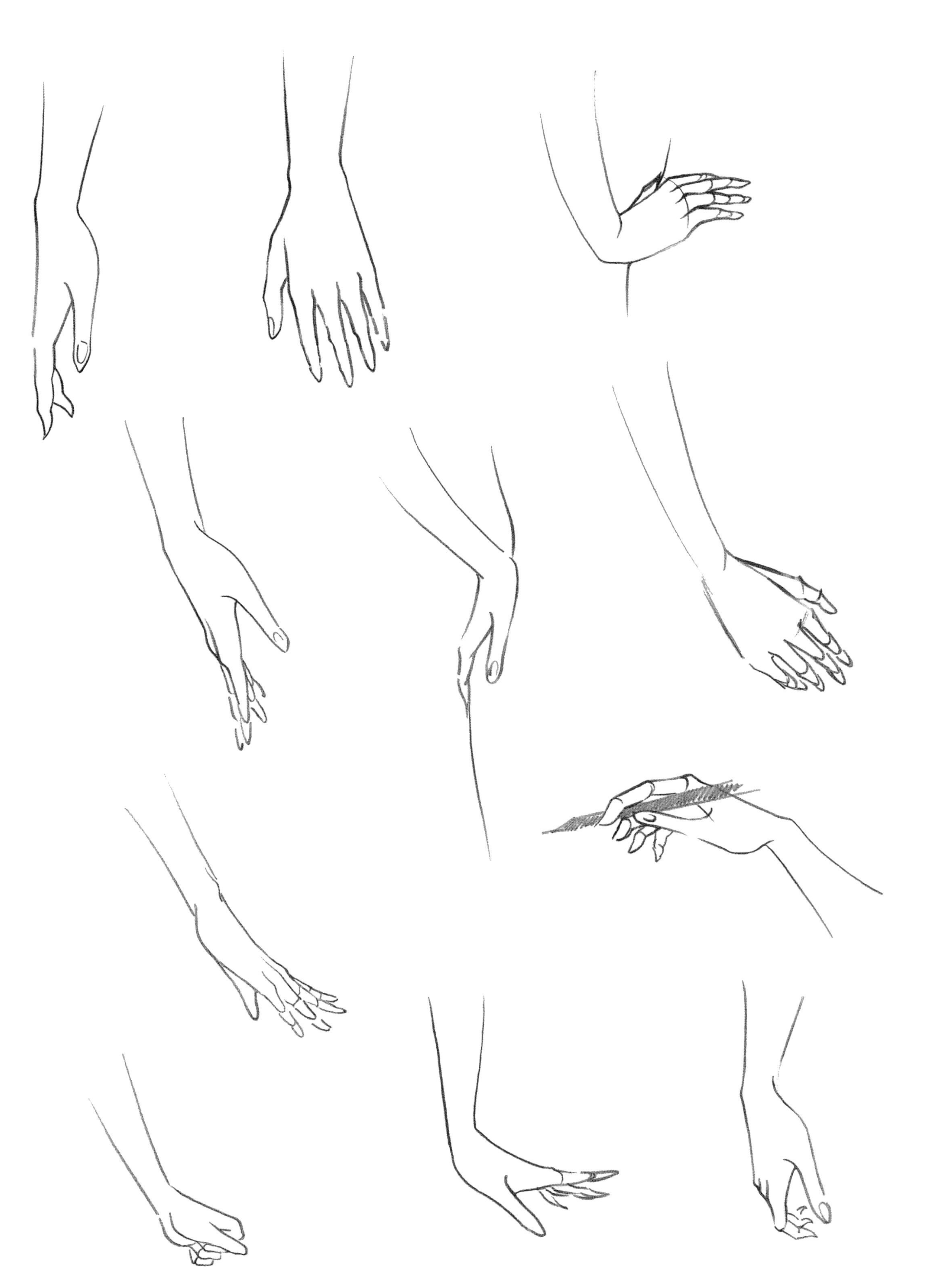

Foot Drawing

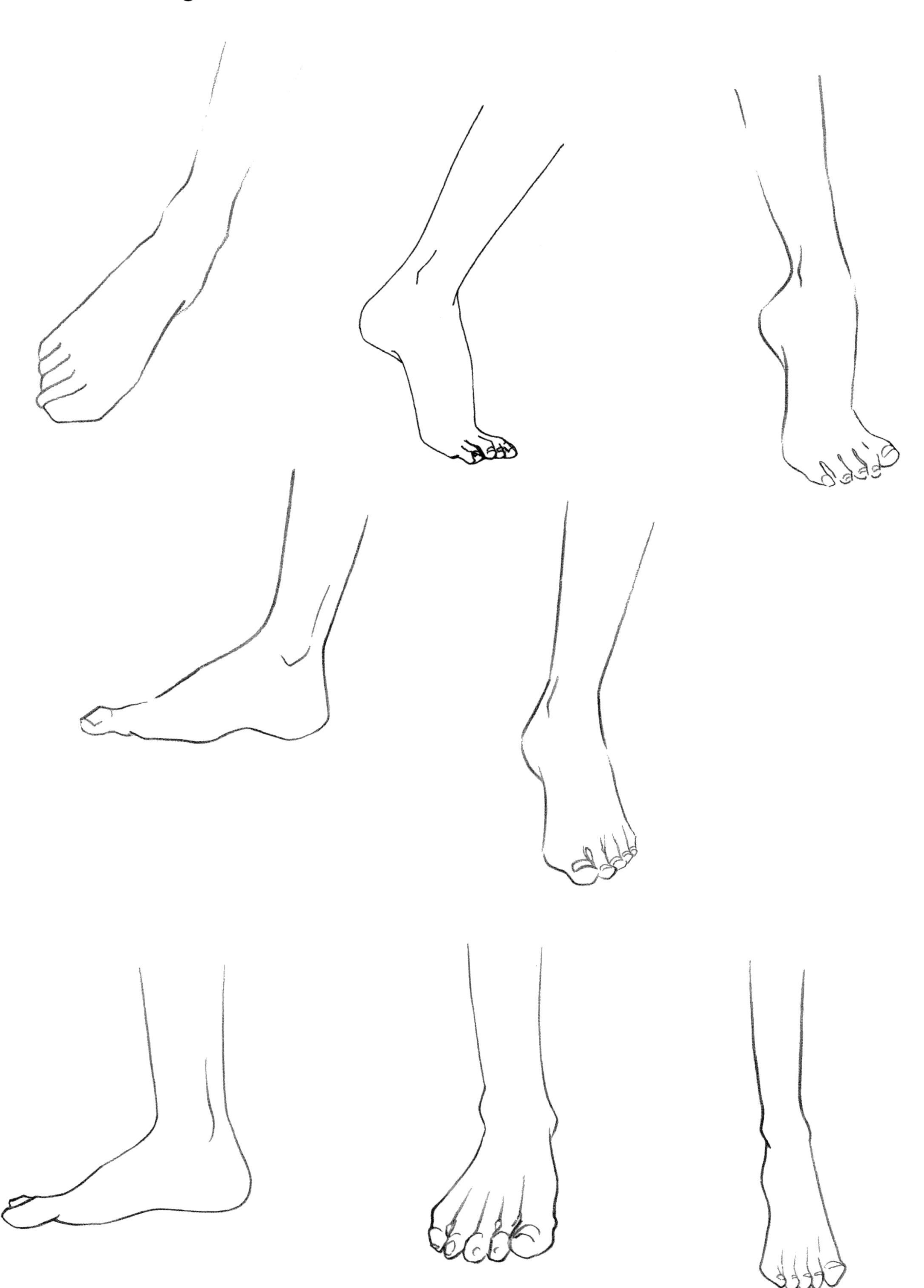

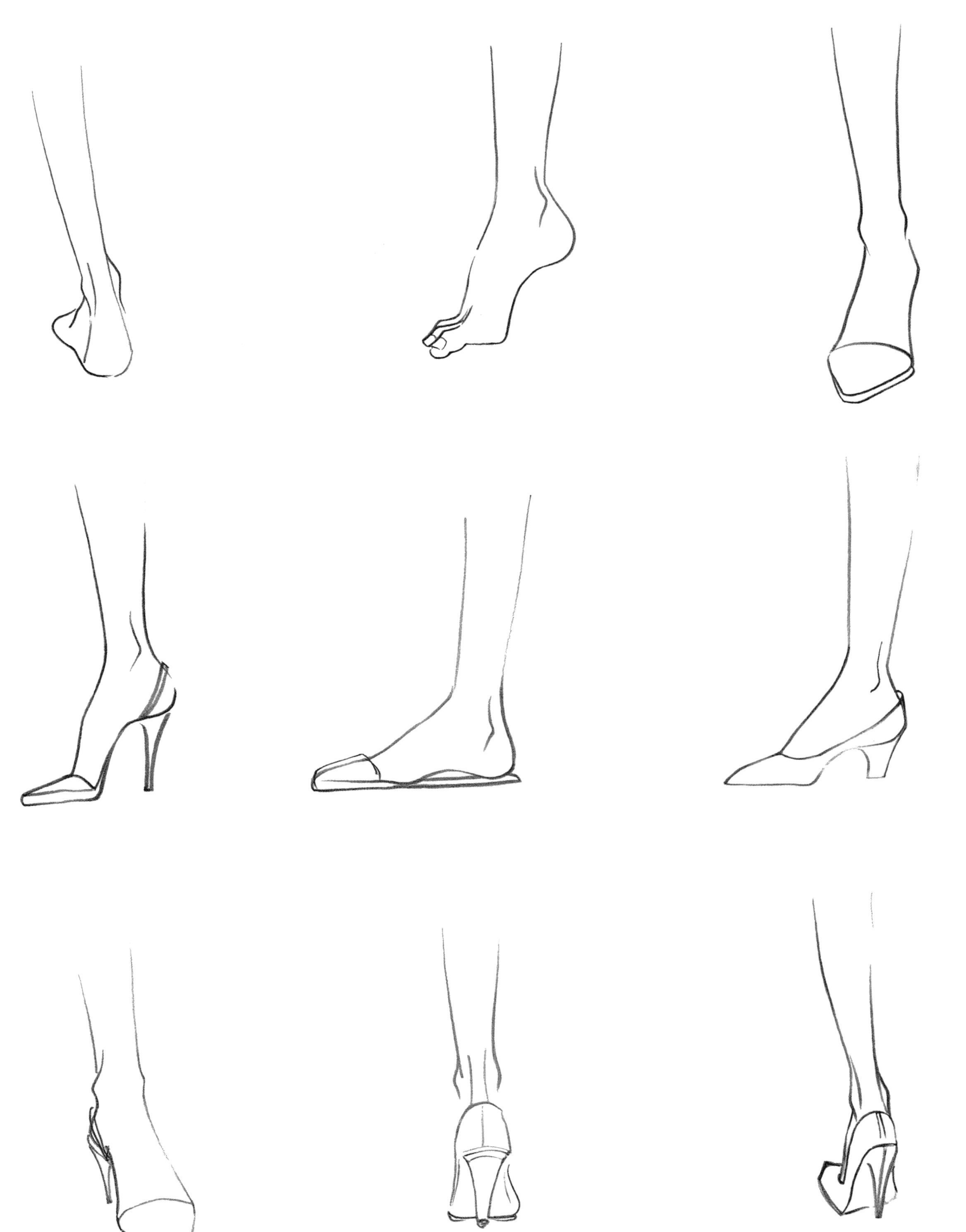

Arm Drawing

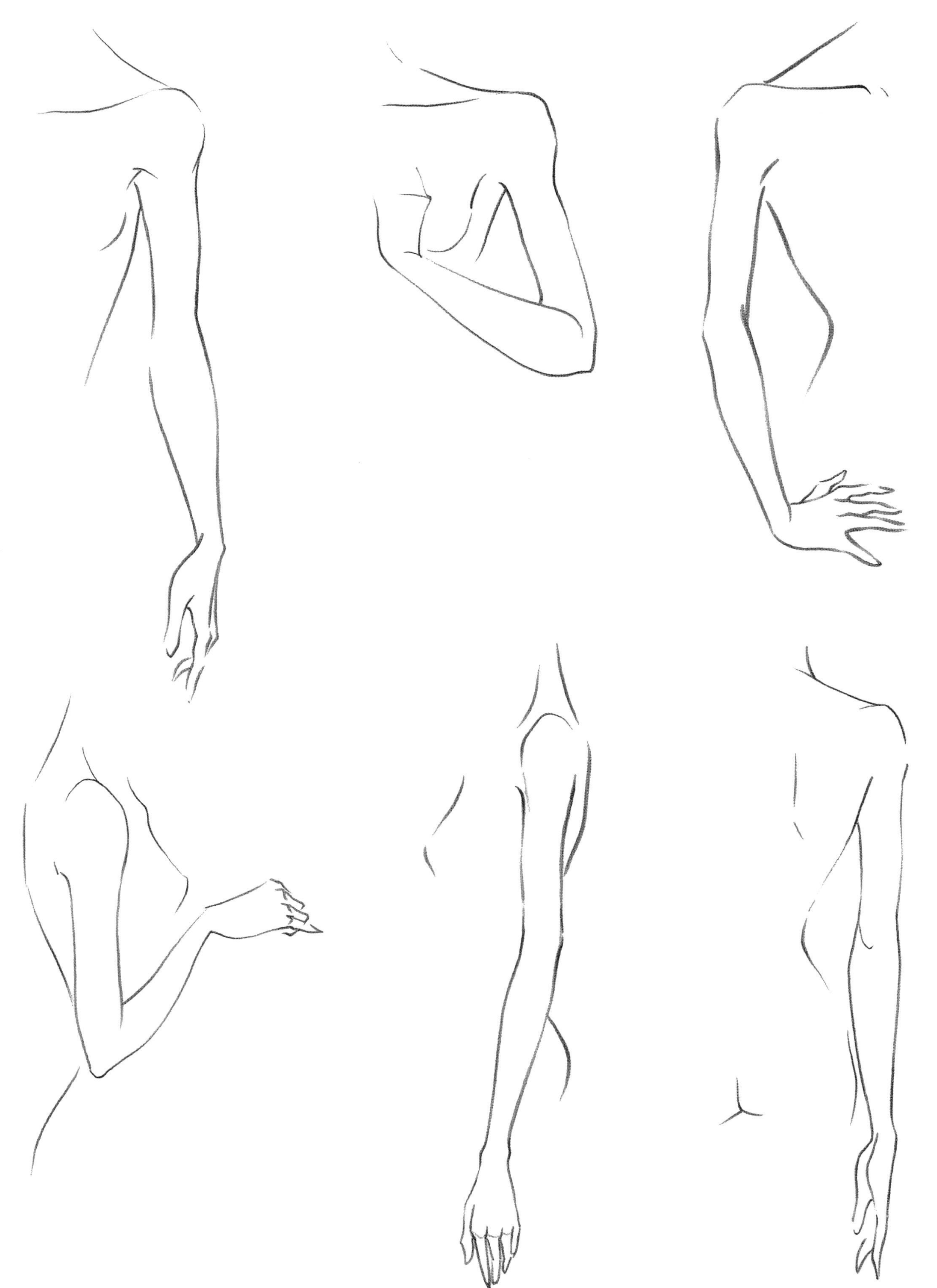

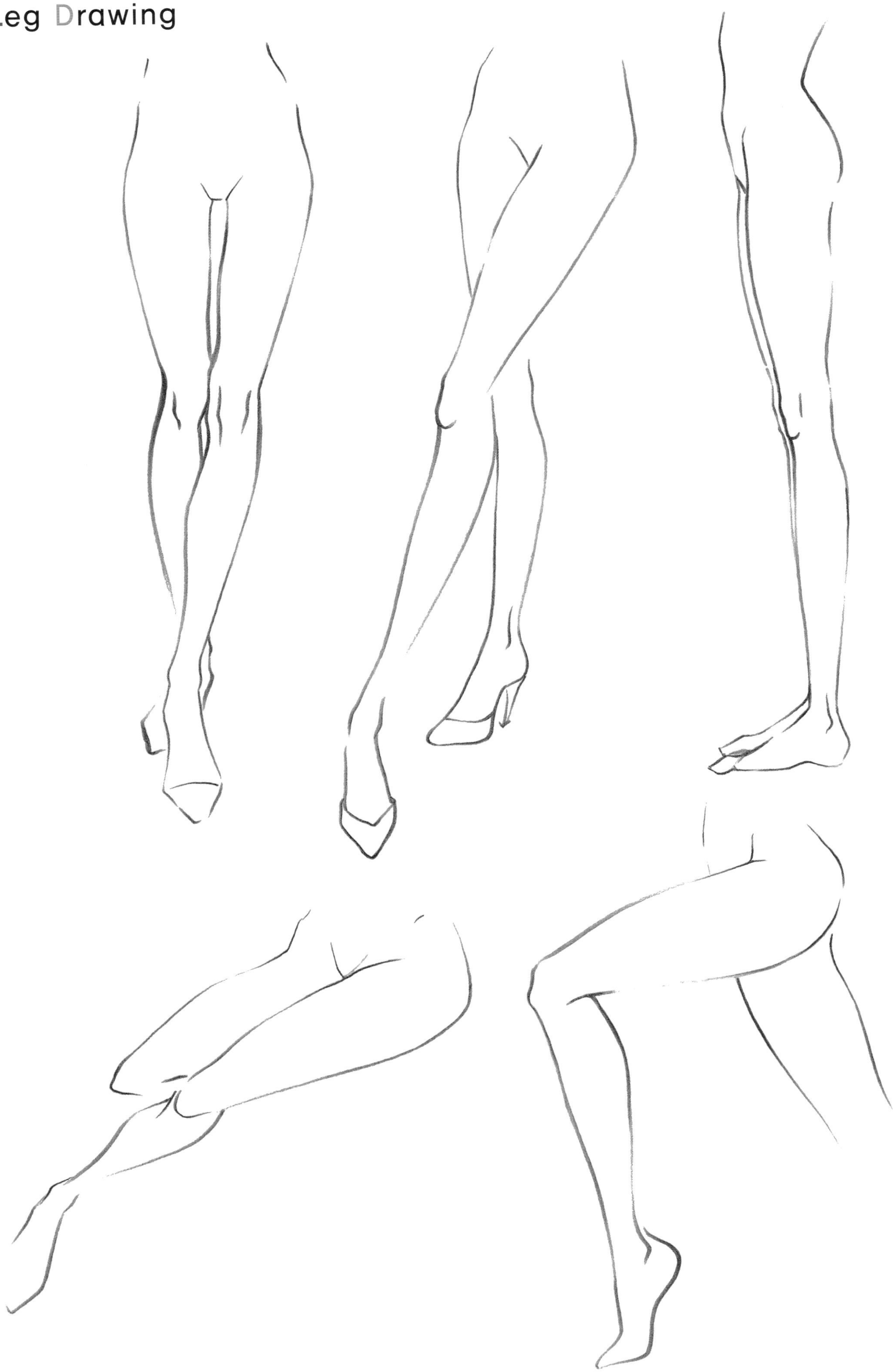

Chapter

03 인체 Drawing

Proportion

Nude Drawing

각종 펜을 사용한 Drawing

Nude Coloring

Body Deformation

Proportion (인체 비율)

■ 8등신

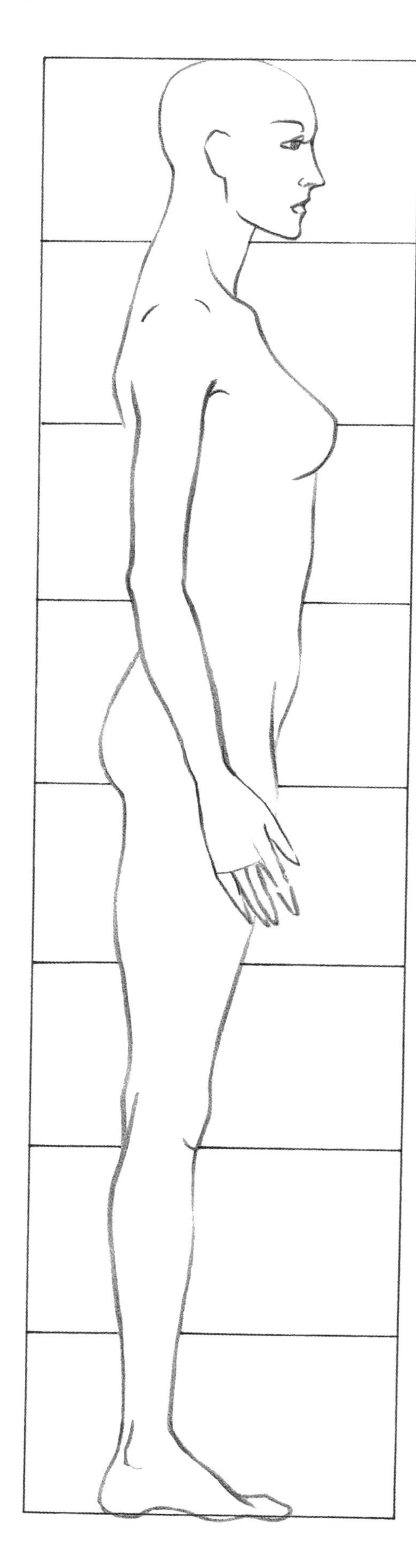

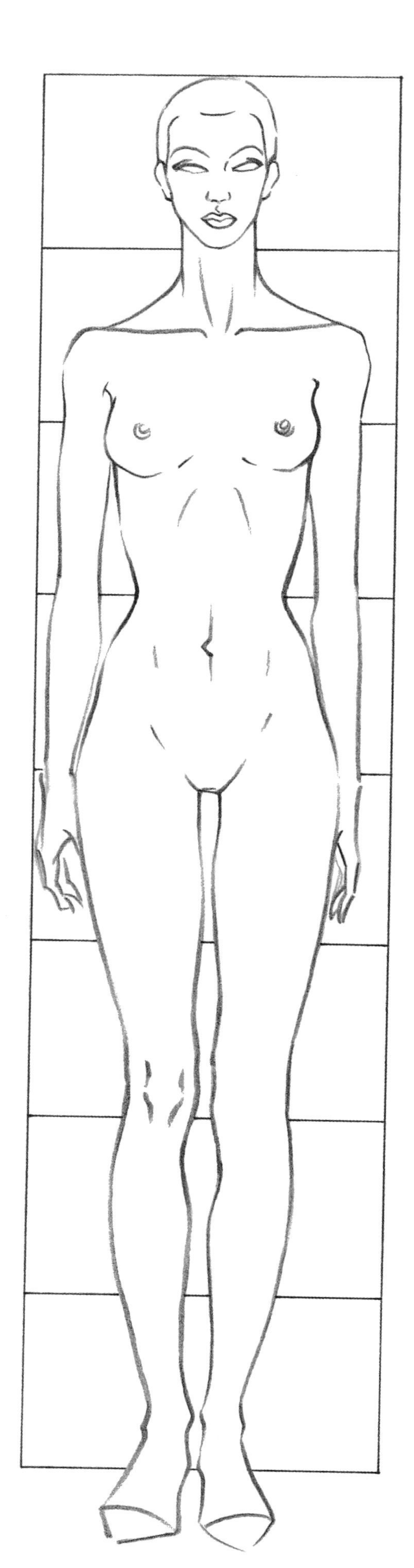

■ 9등신

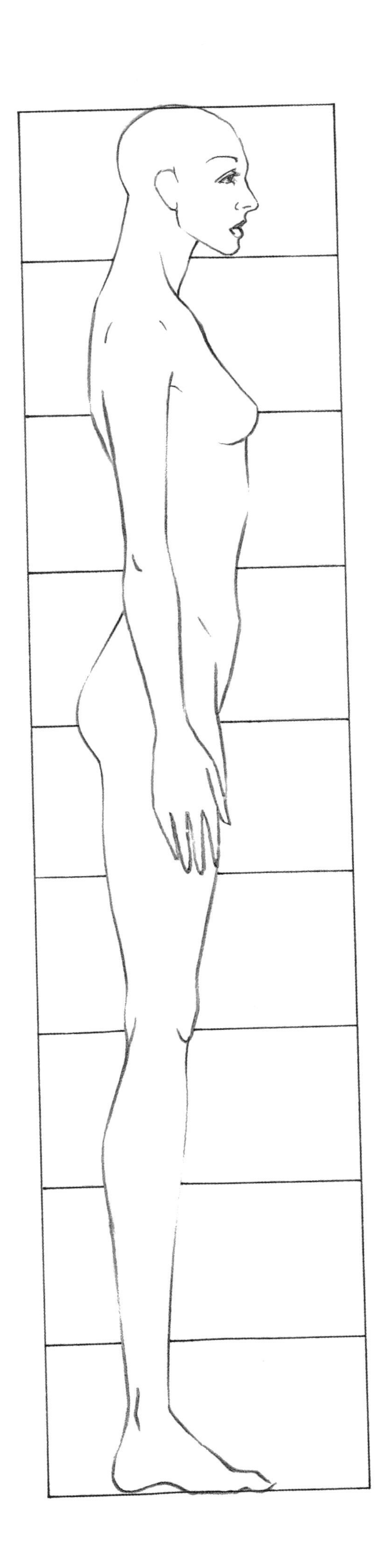

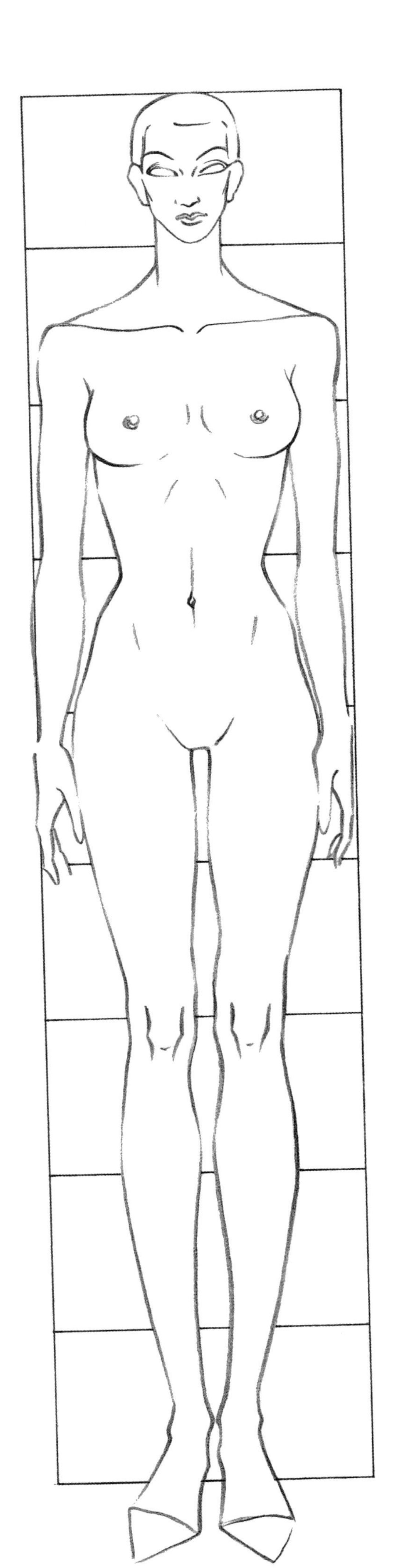

Nude Drawing

■ 정 면

인체 힘의 이동 원리는 힘의 중심추의 다리쪽 골반이 올라가고 어깨는 내려온다.

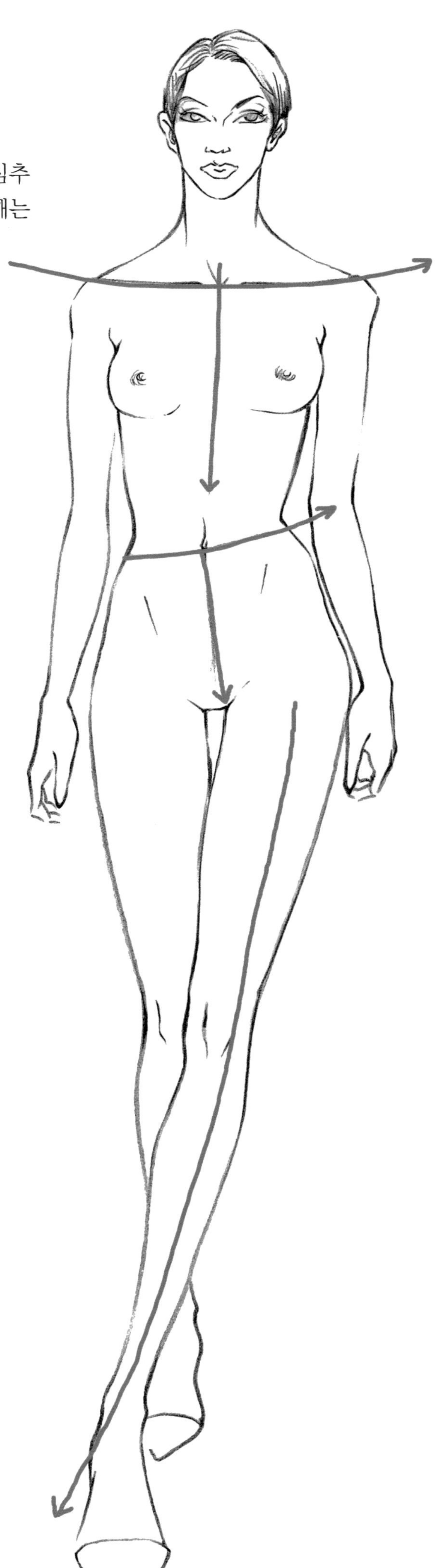

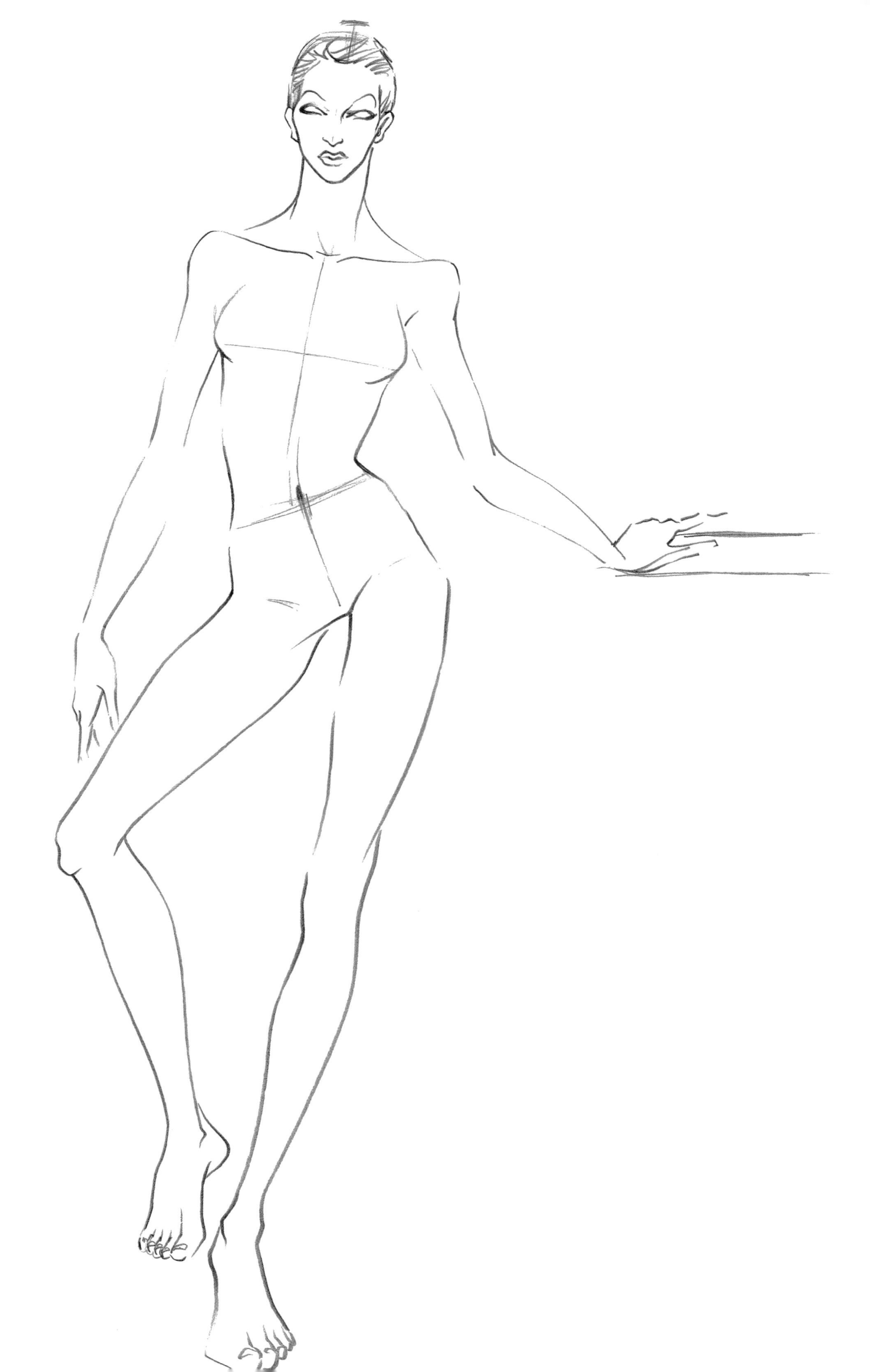

■ 뒷 면

- 척추의 모양에 따라 S자형 중심축이 이루어진다.
- 뒤어깨 근육은 앞목 근육의 모습과 달리 뒷목점을 향해 그린다.

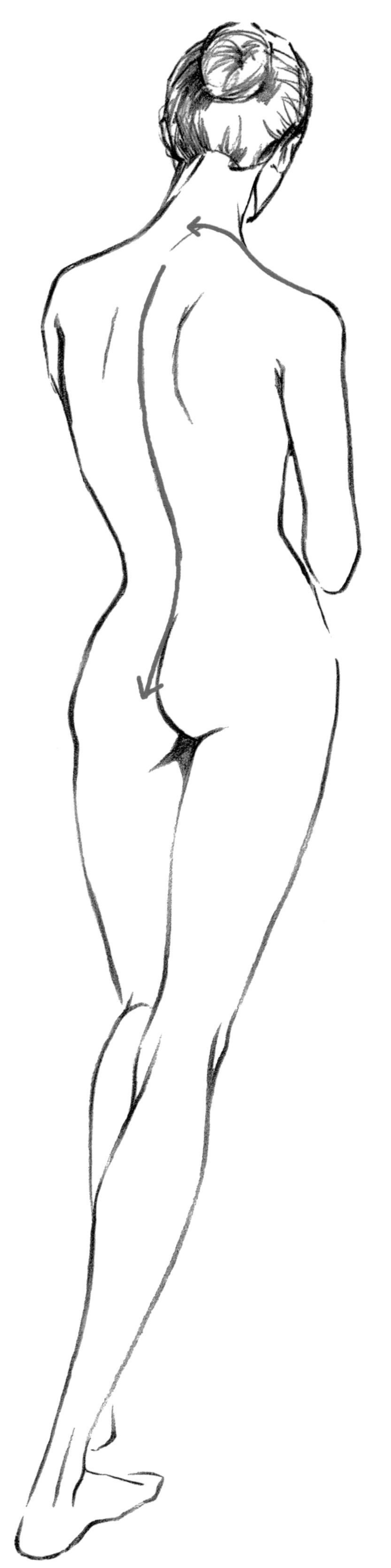

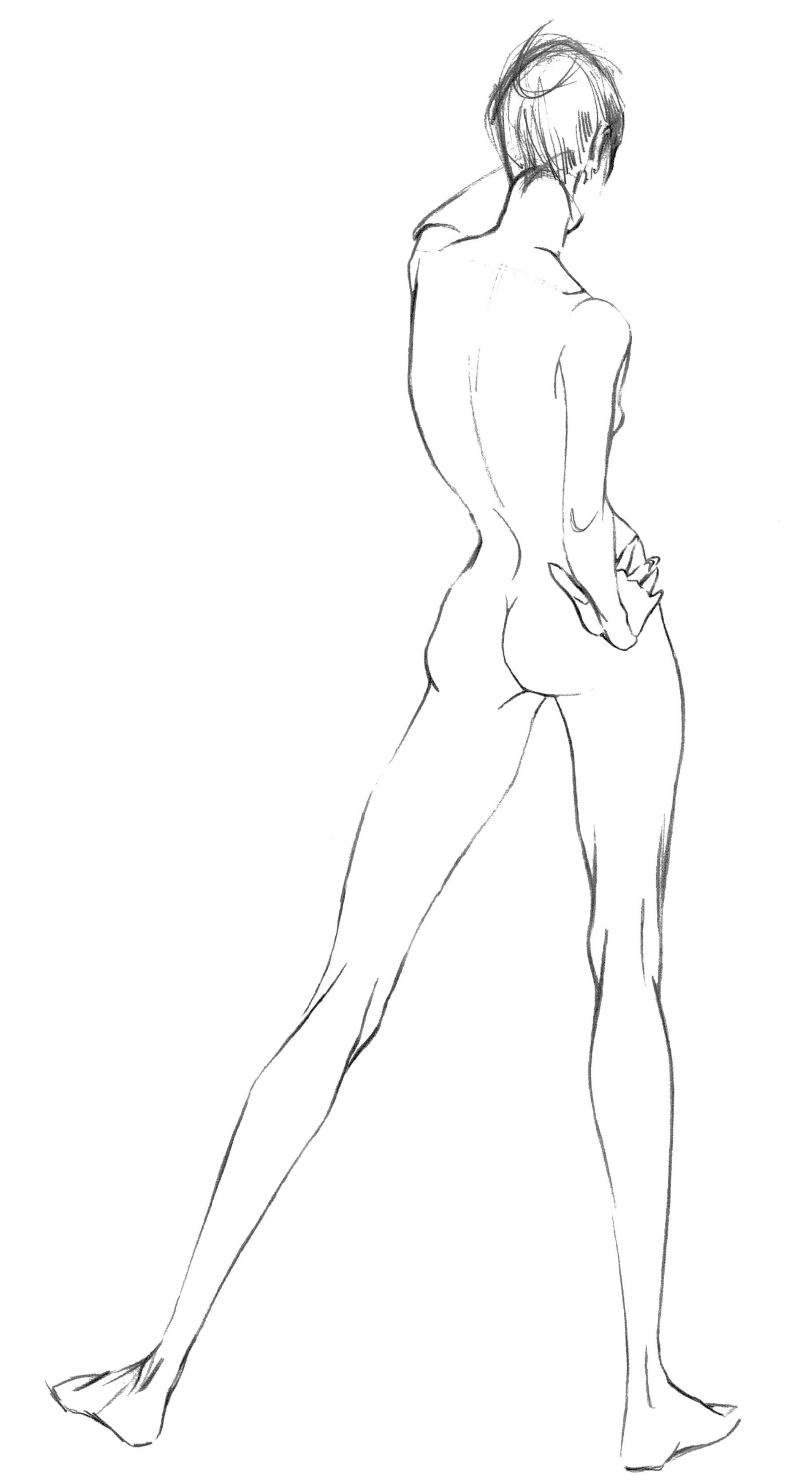

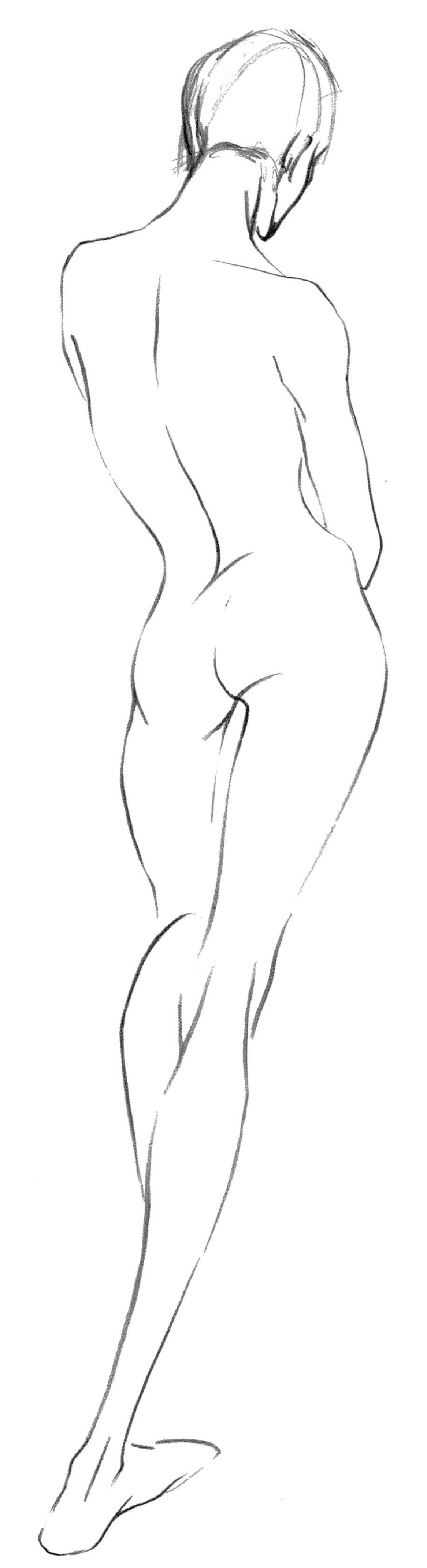

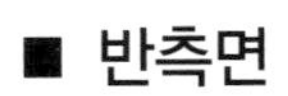

■ 반측면

반측면의 힘의 중심축은 활처럼
휜다.

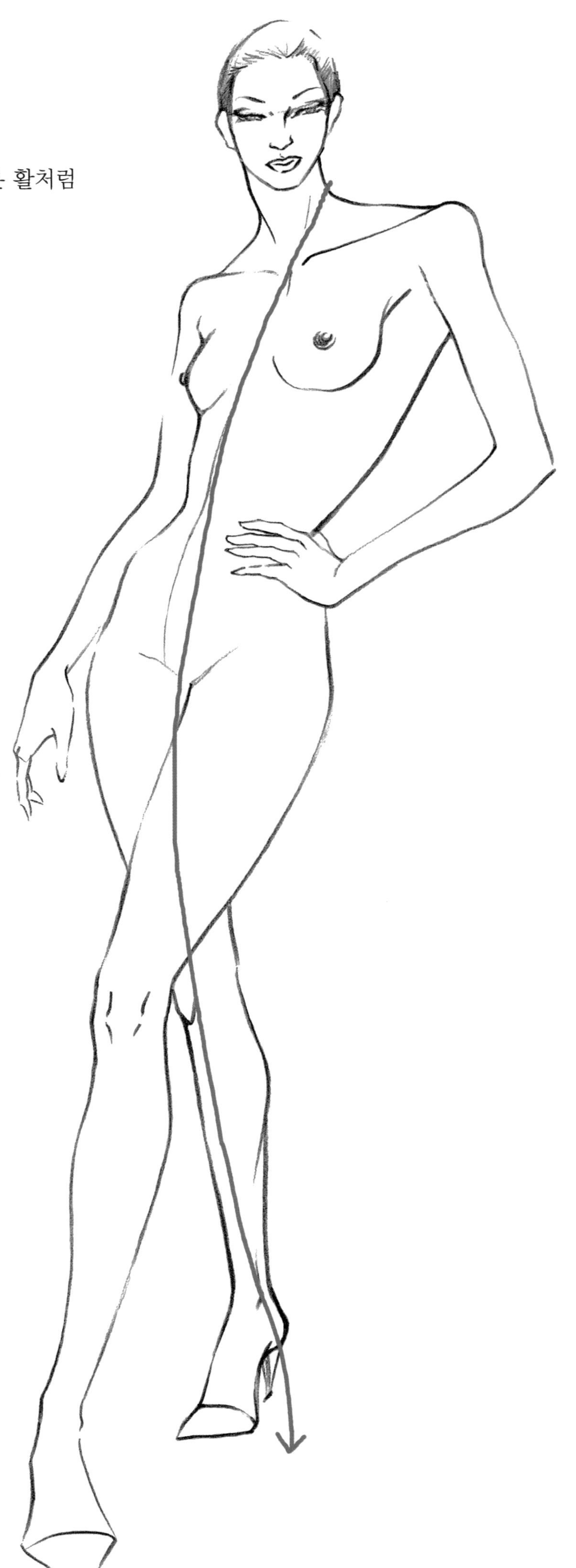

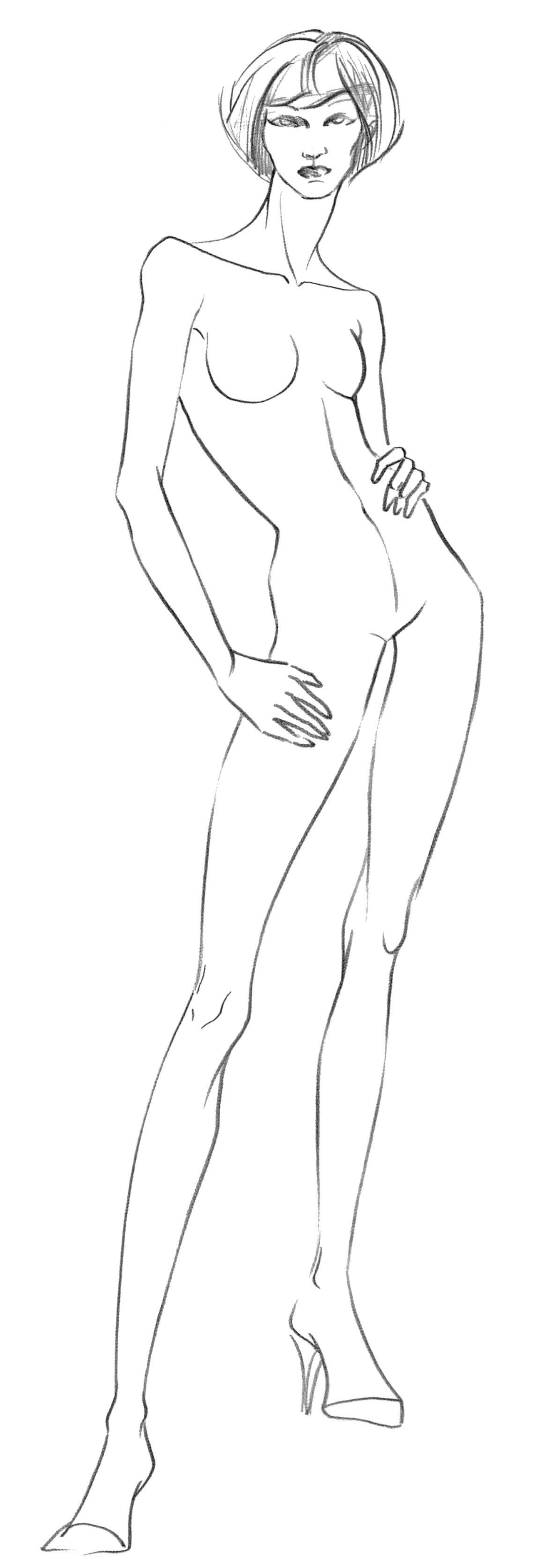

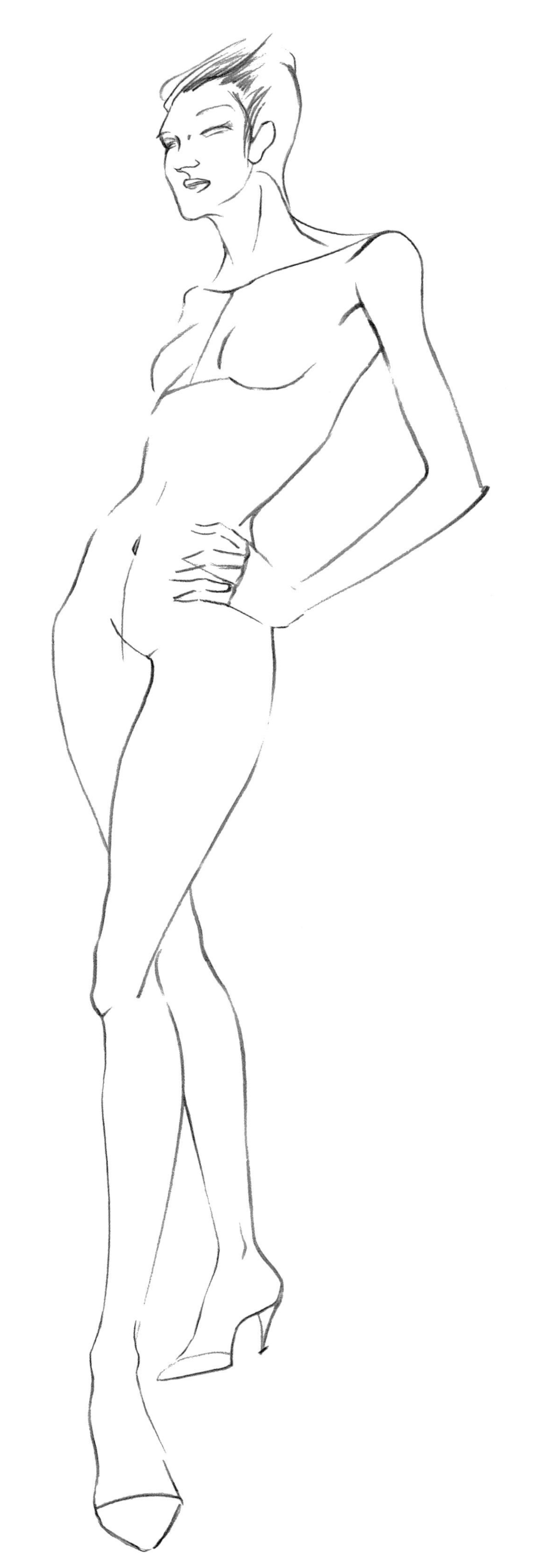

■ 측 면

인체의 모양이 척추의 모양에 따라 앞쪽으로 활처럼 휘기 때문에 배부분이 앞으로 나오도록 그린다.

각종 펜을 사용한 Drawing

- 볼펜이나 플러스펜 등 강약조절이 안 되는 펜은 지면에서 펜의 선이 떨어지지 않는다는 느낌으로 인체의 근육이나 음영, 옷의 주름선 등을 고려해서 길게 반복해서 선을 사용한다.
- 붓펜은 강약조절이 가능하므로 밝은 부분이나 돌출된 부분은 가늘고 약한 선을 사용하고 그림자 부분이나 어둡고 들어간 부분은 강하고 두꺼운 선을 사용함으로써 입체감을 강조한다.
- 각종 펜을 사용한 일러스트는 최소한의 컬러링만으로 일러스트의 완성도를 높일 수 있어 빠른 드로잉에 용이하다.

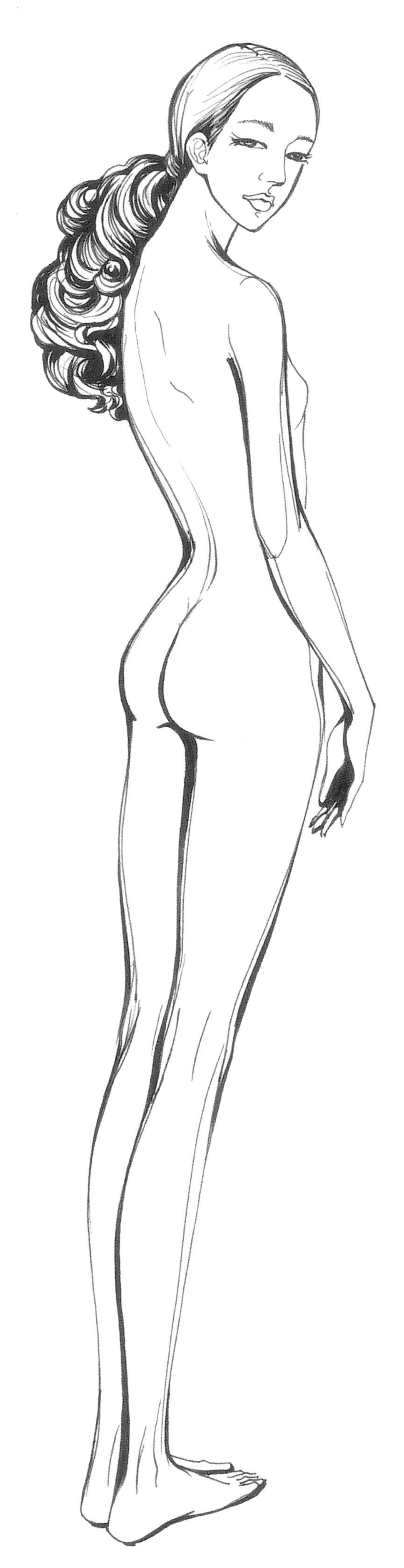

■ 플러스펜

■ 붓펜

■ 볼펜

Nude Coloring

■ Pencil(연필)

- 중간 정도 무른 연필(2B~4B 정도)로 단색의 명암 처리를 할 때 사용한다.
- 입체 표현을 위한 기본 명암의 연습으로 연필이 사용되며, 화이트 포인트 부분은 마무리 단계에서 지우개를 이용한다.

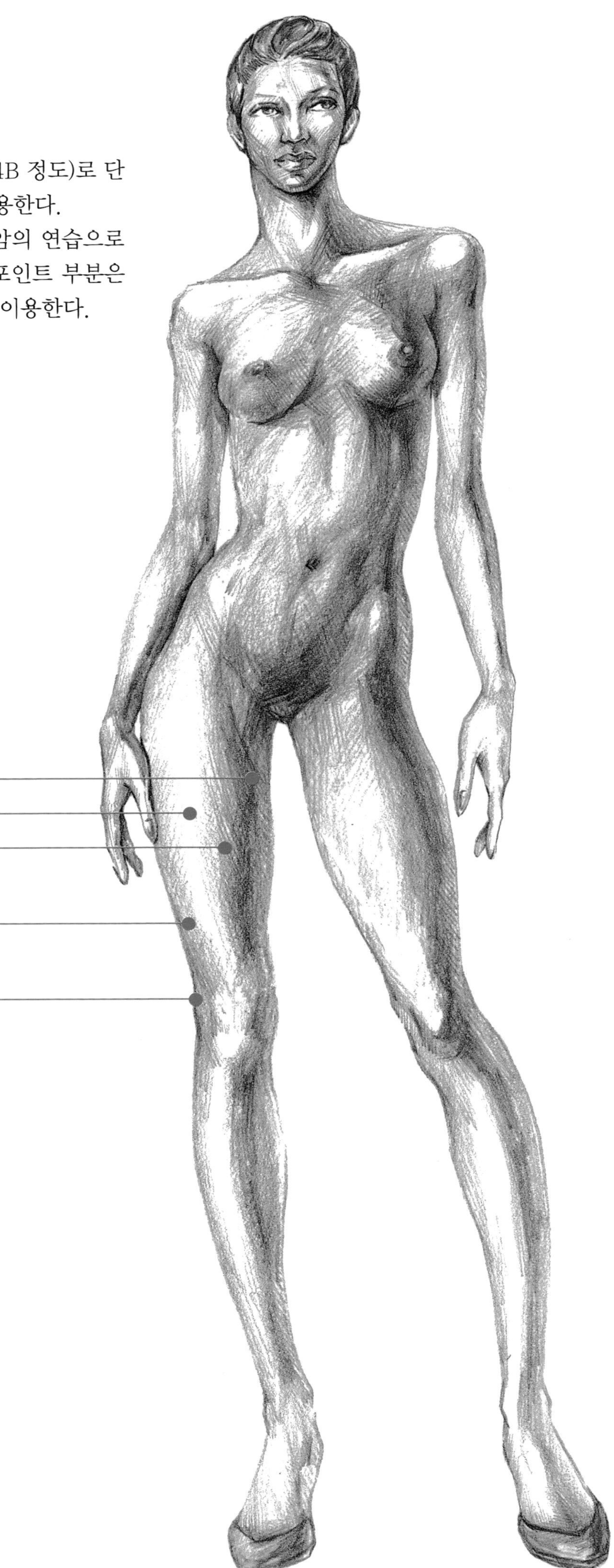

〈입체 표현을 위한 기본 명암〉

가장 어두운 블랙 포인트

가장 밝은 화이트 포인트

중간톤
(블랙 포인트에서 화이트 포인트로 가는 중간 명암)

반사광
(어두운 면 다음으로 밝은 명암)

역광
(뒷면을 예시하기 위해 밝은 광 뒤로 오는 어두운 명암)

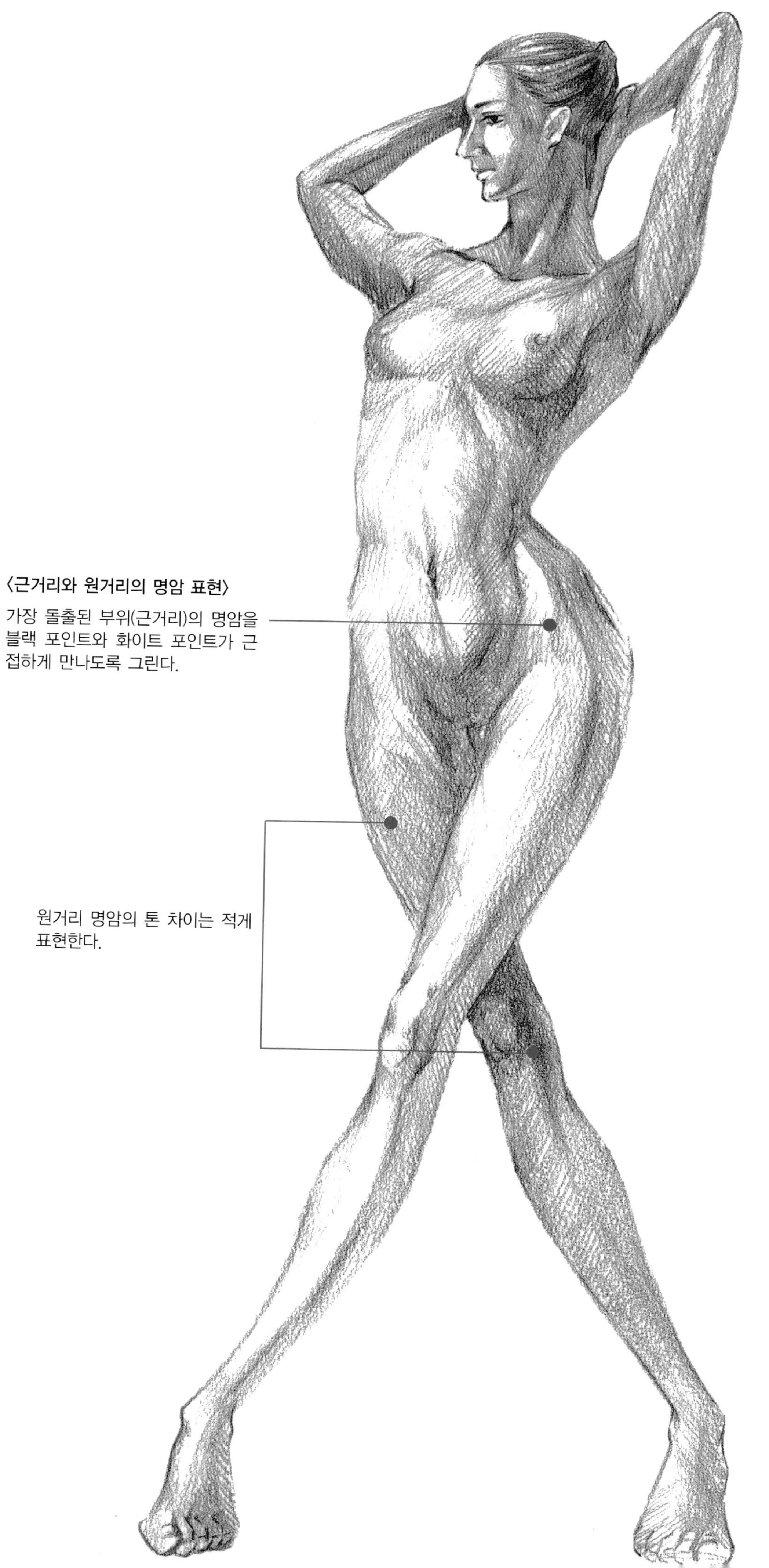
〈근거리와 원거리의 명암 표현〉
가장 돌출된 부위(근거리)의 명암을 블랙 포인트와 화이트 포인트가 근접하게 만나도록 그린다.
원거리 명암의 톤 차이는 적게 표현한다.

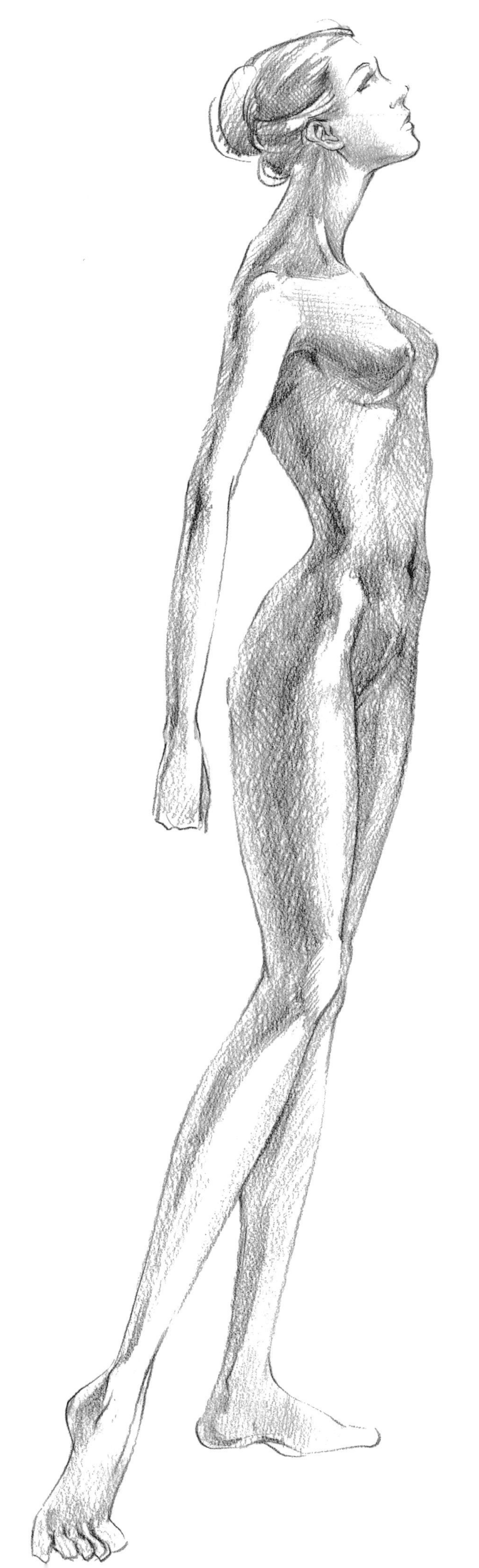

■ Colored pencil (색연필)

- 색연필은 크게 유성 색연필과 수성 색연필로 구분된다. 유성은 물에 번지지 않아 수채화와 함께 사용될 때 연필의 선을 남기게 되고, 수성 색연필은 색연필 착색 후 물칠을 하면 수채화처럼 표현이 가능하다.

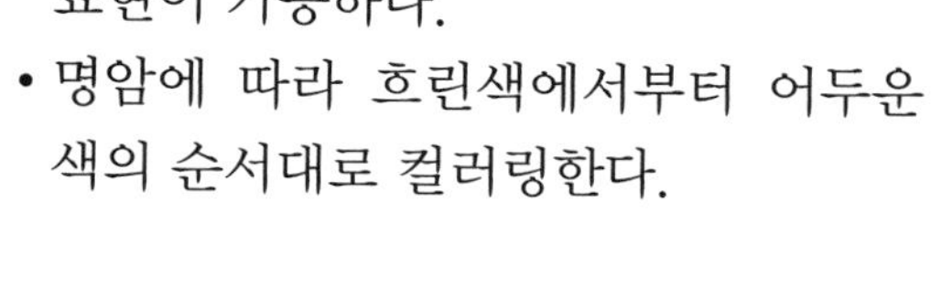

- 명암에 따라 흐린색에서부터 어두운 색의 순서대로 컬러링한다.

• 색연필 컬러링 후 붓펜 드로잉으로 마무리하는 경우, 정리된 느낌으로 완성도를 높일 수 있다.

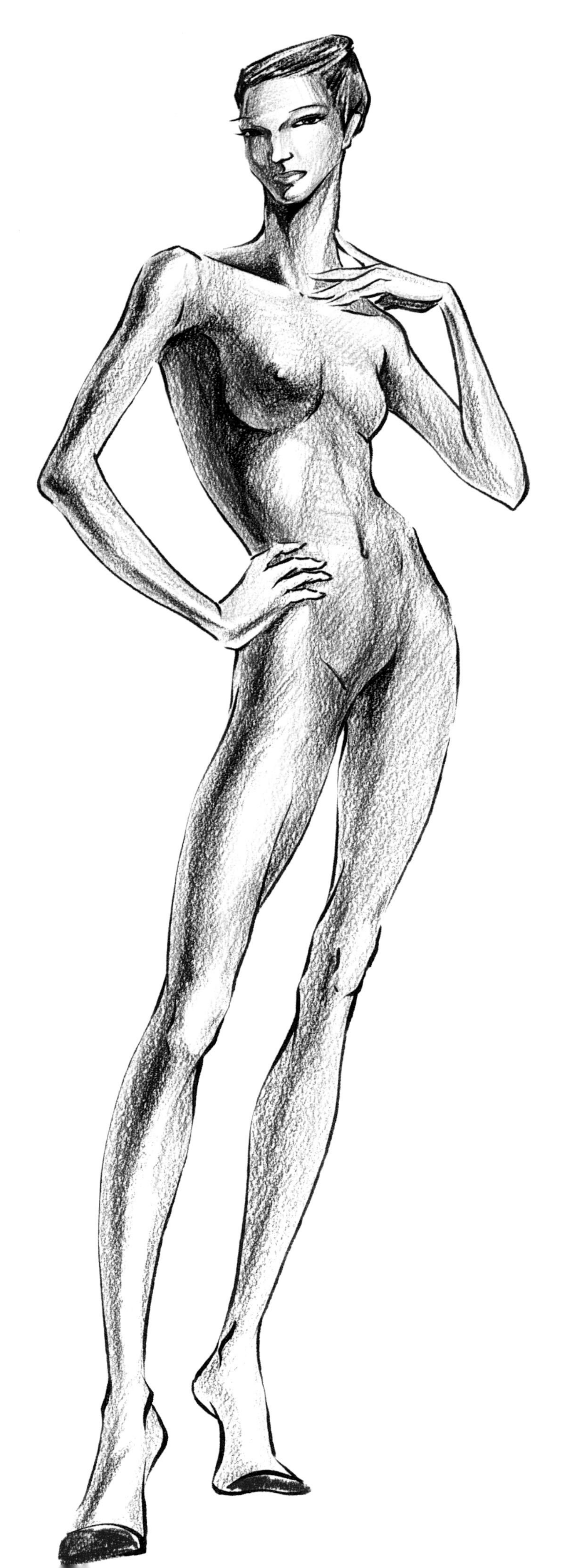

■ Watercolor (수채화)

- 붓은 일러스트용 둥근붓을 사용한다.
- 수채화는 투명성의 특징이 있으며, 물의 양에 따라 명도 조절을 한다.
- 밝고 경쾌한 느낌이 수채화의 특징으로, 수채화 물감에서는 흰색과 검정색은 되도록 사용하지 않는다.

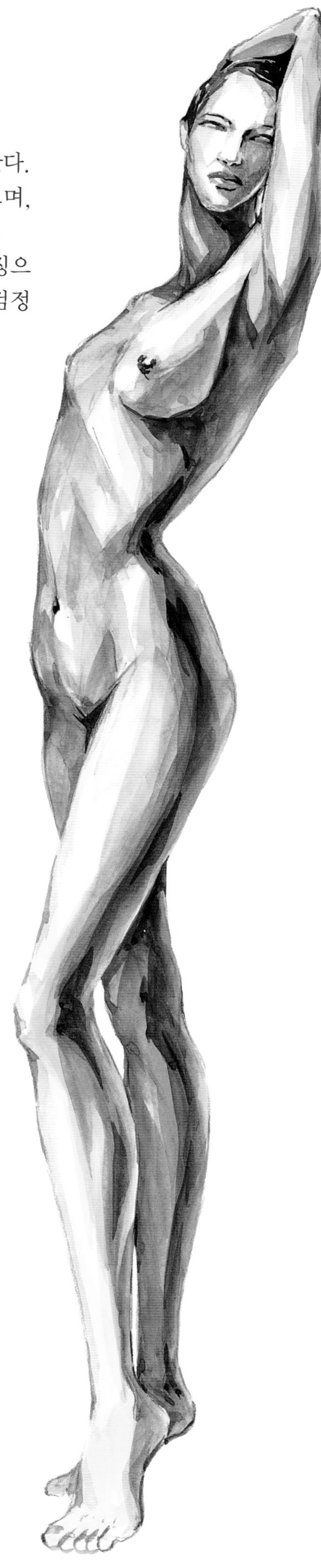

• 인체의 명암 컬러링을 최소화할 때 완성도를 높이기 위해 펜으로 외곽선을 정리해 준다.

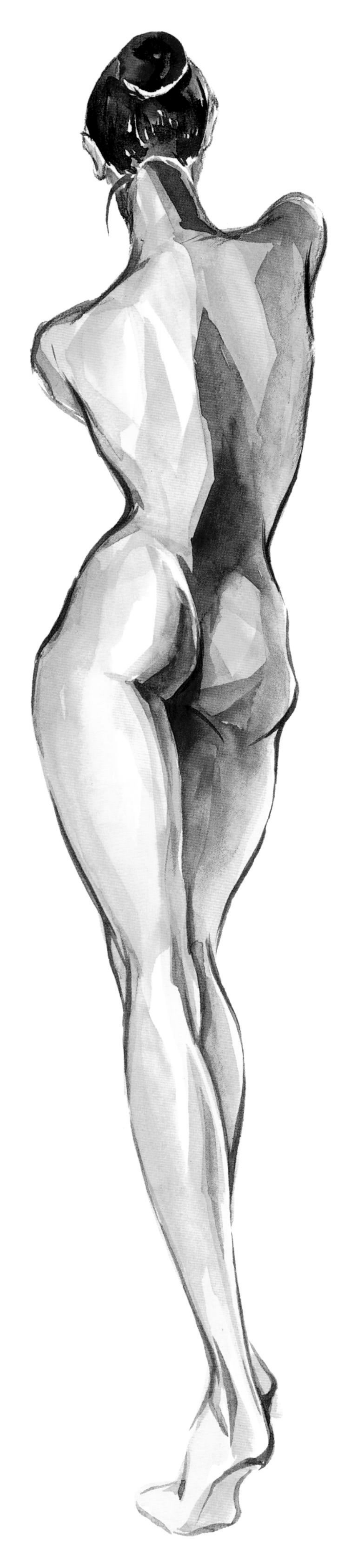

■ Postercolor(포스터컬러)

- 일러스트용 납작붓이나 둥근붓을 사용한다.
- 불투명성이 특징으로, 밑색 위로 색을 덧입히면 밑색이 드러나지 않는다.
- 명도 표현은 흰색과 검정색 또는 명도가 높은 색과 낮은 색의 혼합으로 표현하며, 다양한 컬러를 표현한다.

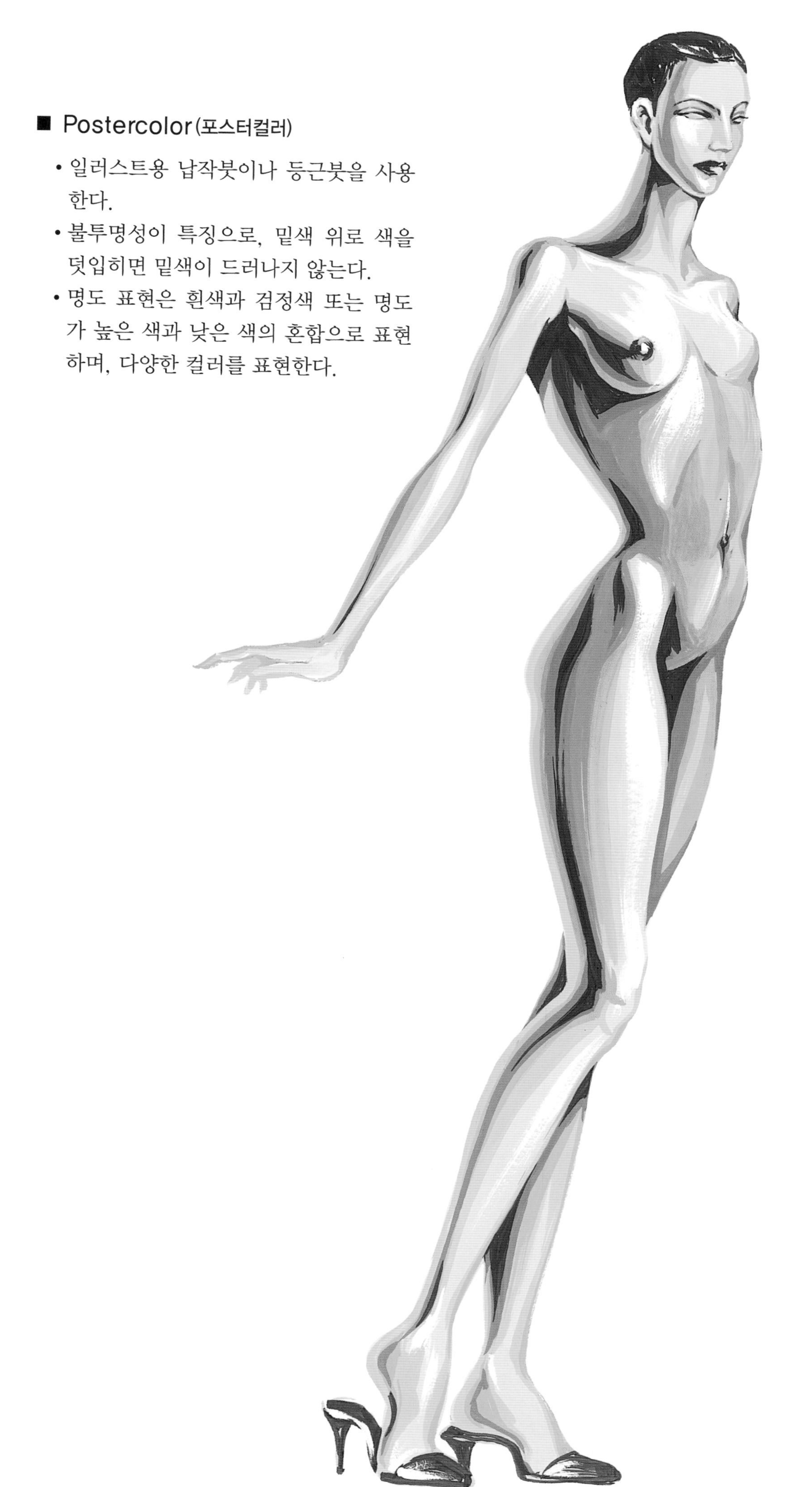

• 근육에 따라 붓 터치로 인체의 역동성을 더욱 강조할 수 있다 (둥근붓 사용 용이).

Boby Deformation

• 12등신으로 인체를 길게 표현한다.

• 몸의 근육을 강조하여 역동적인 이미지를 완성한다.

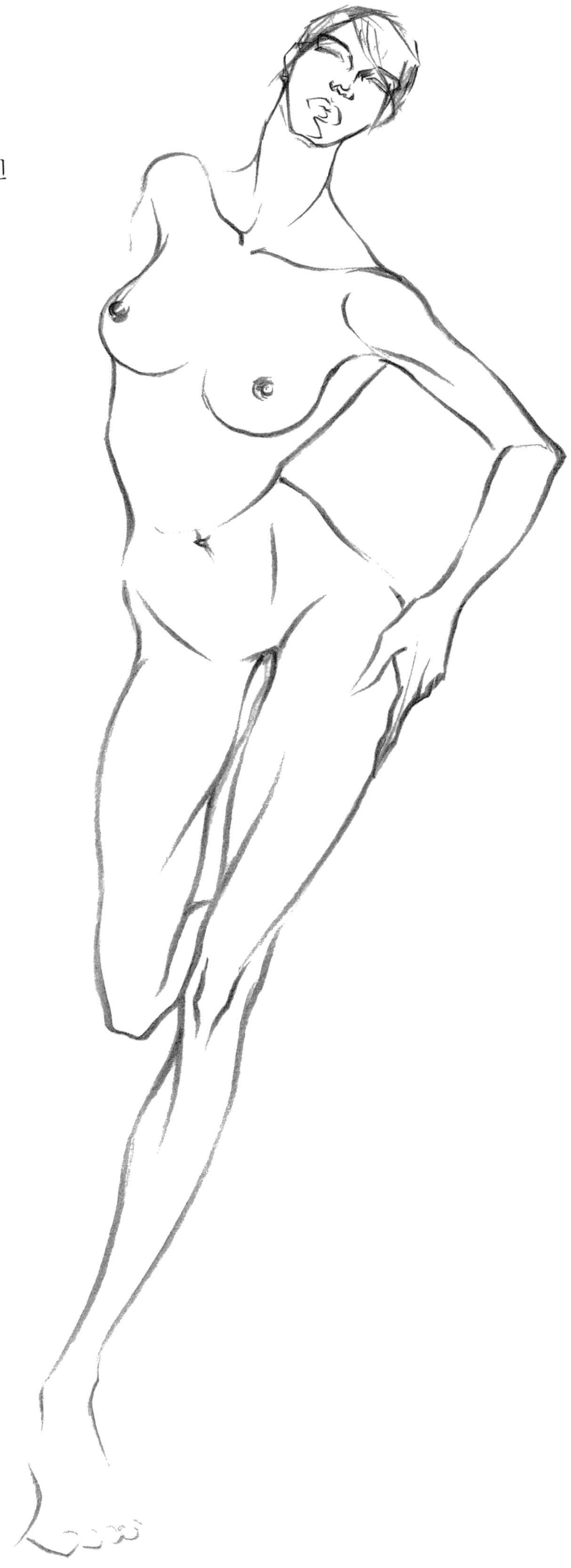

• 인체의 근육을 최소화함으로써
  소녀적인 이미지를 강조한다.

• 팔다리의 선을 가늘게 표현하고 가슴과 엉덩이를 강조하여 여성스러운 이미지를 표현한다.

• 가늘고 긴 선과 부드러운 곡선을 사용하고, 세부 표현을 최소화하여 인체의 세련미를 강조한다.

• 어깨와 엉덩이를 강조한 인체로, 여성스러우면서도 강한 이미지를 연출한다.

• 각진 어깨와 좁은 엉덩이, 직선적이며 절제된 선으로 메니시한 인체를 표현한다.

• 가는 허리를 강조하고 선의 강약을 조절하여 리듬감 있는 인체를 표현한다.

- 가늘고 긴 인체와 근육을 최소화하여
  도회적인 이미지를 표현한다.

• 엉덩이를 강조하여 여성스러운
이미지를 표현한다.

• 근육을 표현하는 강한 선을 사용하여 여성적이며 강한 이미지를 연출한다.

Chapter

04

Item별 착장 Illustration

Skirt

Pants

One-piece

Jacket

Jumper

Skirt 1

〈표현 기법〉
스커트 속의 다리가 연상되어지도
록 포즈에 따라 주름을 표현한다.

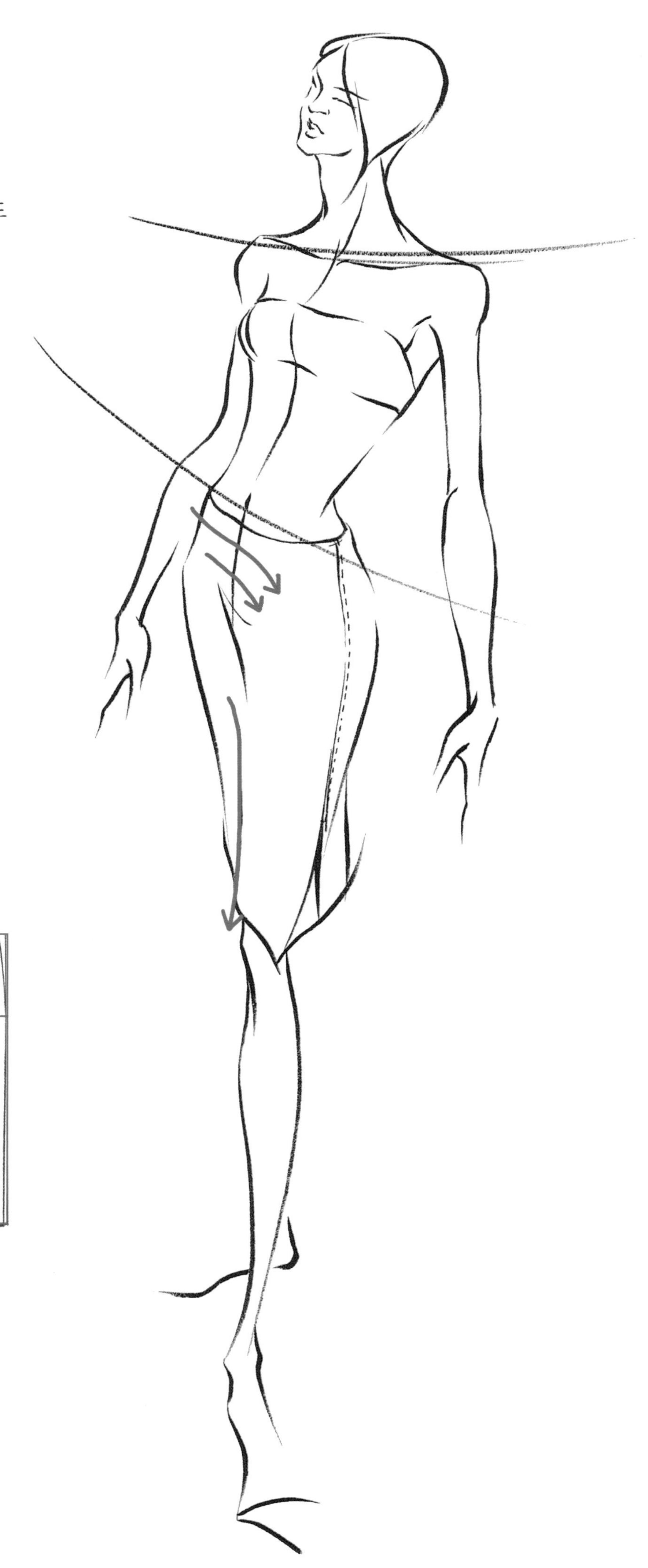

Skirt 2

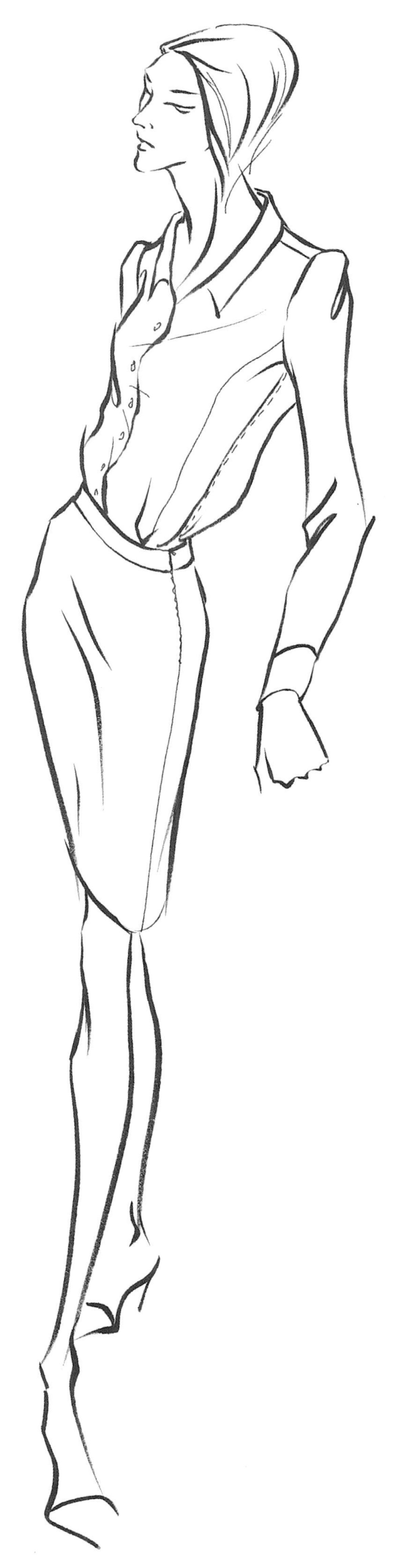

Pants 1

〈표현 기법〉
밑위를 중심으로 다리가 양쪽으로 갈라지므로, 밑위 부분의 사선 주름과 앞여밈 부분의 가로 주름을 적절하게 표현해야 한다.

Pants 2

〈표현 기법〉
바지통의 여유분에 따른 주름 분량을 주의해서 표현해야 인체가 두꺼워 보이지 않는다.

One-piece 1

〈표현 기법〉
상 · 하의의 연결 부위(허리 부분)의 주름 표현은 골격의 각도를 따라 움직인다.

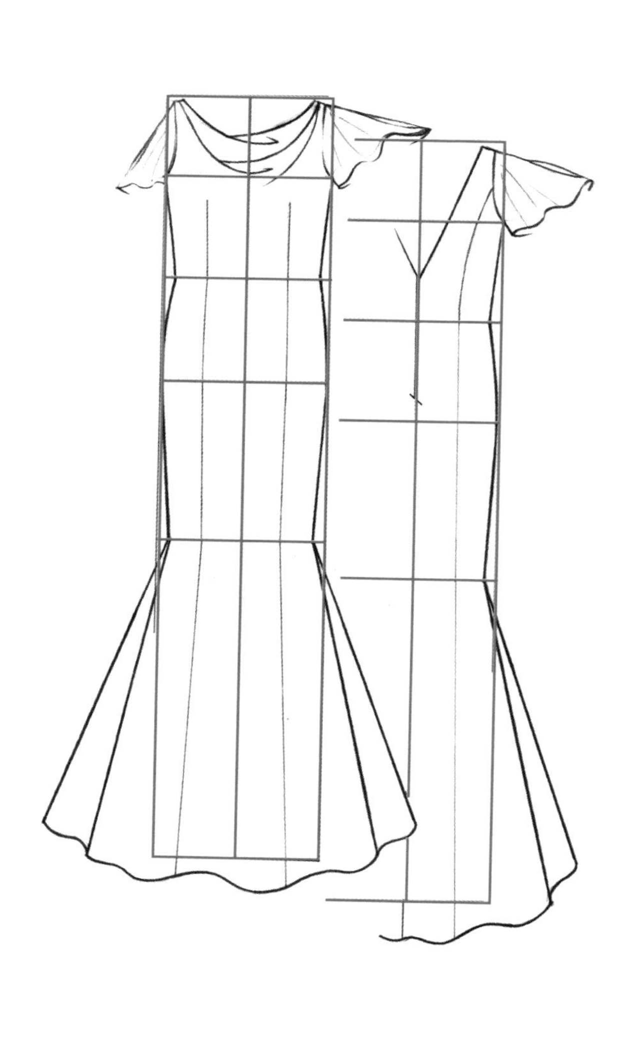

One-piece 2

Jacket 1

〈표현 기법〉
몸판과 소매의 연결 부분 주름, 여밈 부분의 주름, 칼라가 꺾인 부분의 주름을 적절하게 표현한다. 목선과 칼라와의 사이 간격은 정확하게 표현한다.

Jacket 2

Jumper 1

〈표현 기법〉

- 점퍼는 몸판과 소매의 여유분이 다른 아이템보다 많다. 여유분의 정도에 따라 주름의 간격과 굴곡이 조절된다.
- 타이트 소매인 재킷에 비해 팔의 바깥쪽 주름 분량이 많다.

Jumper 2

Chapter

05 Silhouette별 착장 Illustration

Fit&Tight Silhouette(피트&타이트 실루엣)
Slim Silhouette(슬림 실루엣)
Straight Silhouette(스트레이트 실루엣)
Off-body line Silhouette(오프 바디 라인 실루엣)
Fit&Flare Silhouette(피트&플레어 실루엣)
X-line Silhouette(X 라인 실루엣)
Mermaid Silhouette(머메이드 실루엣)
A-line Silhouette(A 라인 실루엣)
Eggshell Silhouette(에그셀 실루엣)
Blouson Silhouette(블루종 실루엣)
Y-line Silhouette(Y 라인 실루엣)
Tent Silhouette(텐트 실루엣)
Traingular Silhouette(트라이앵글 실루엣)

Fit & Tight Silhouette

윗부분이 꼭 맞고 아랫부분이 타이트하게 된 실루엣이다.

〈표현 기법〉
가로의 잔주름을 인체의 곡선에 따라 표현한다.

Slim Silhouette

자연스럽게 몸에 맞아 흐르듯이 떨어지는 실루엣이다.

〈표현 기법〉
인체의 굴곡에 따라 자연스러운 가로와 세로의 주름을 표현한다.

Straight Silhouette

허리선이 없어 신체의 어느 부분도 강조하지 않고 상·하가 거의 비슷한 폭을 유지하는 실루엣이다.

〈표현 기법〉
타이트 실루엣에 비해 세로 주름이 많아지고, 허리 여유분량을 사선형 주름으로 표현한다.

Off-body line Silhouette

몸에서 떨어진 라인이란 뜻으로, 넉넉하고 풍성한 실루엣이다.

〈표현 기법〉
풍성한 옷의 남는 여유분량을 주름으로 표현하기 위해 세로 주름이 많아진다.

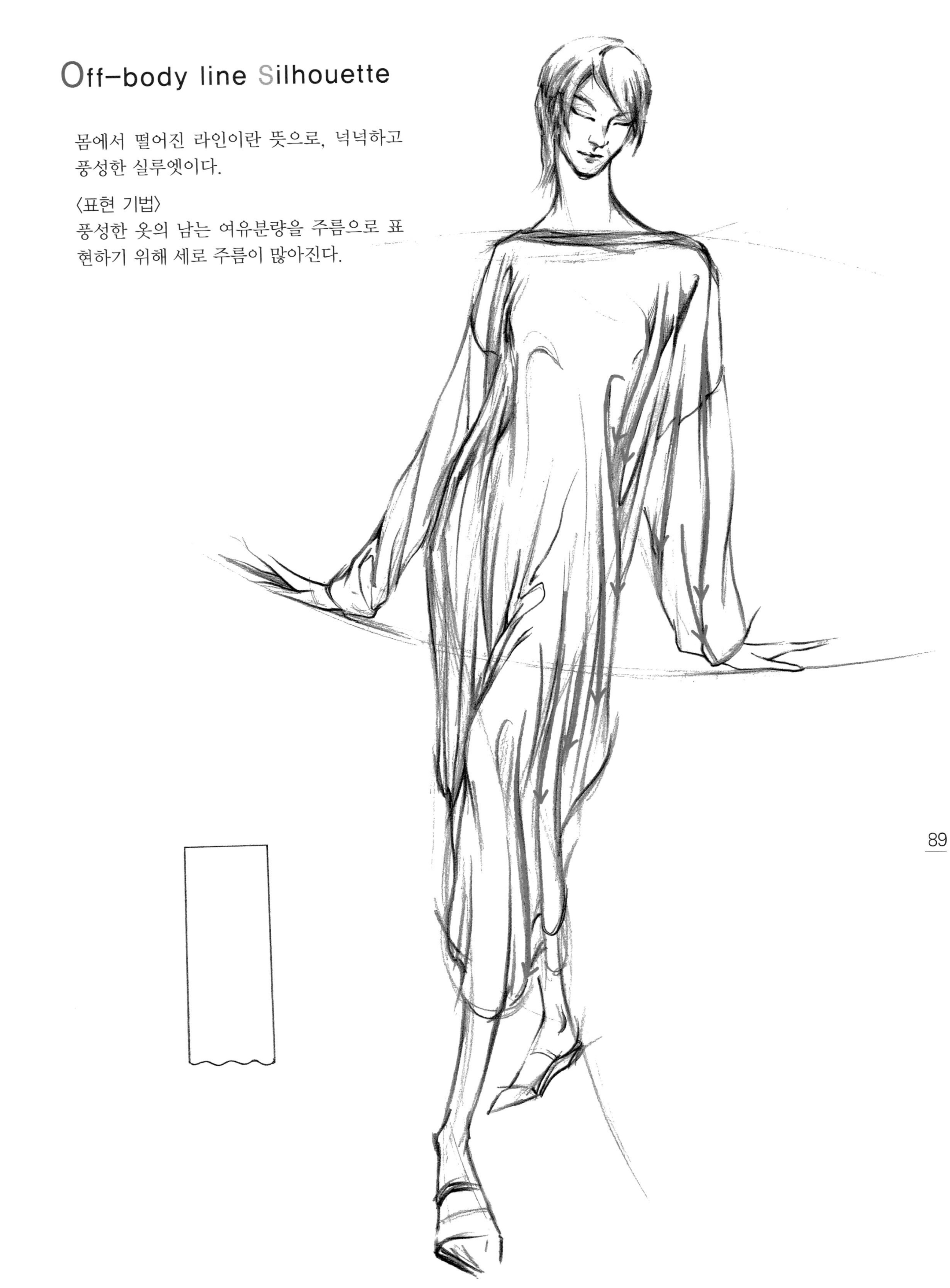

Fit & Flare Silhouette

허리에서 힙까지 상반신은 몸에 붙게 하고, 하반신은 플레어를 넣어 더욱 넓어지는 형태로 몸이 움직일 때마다 흔들리는 것 같은 효과를 주는 실루엣이다.

〈표현 기법〉
상반신은 작고 가늘게, 하반신은 더욱 풍성하게 표현한다.

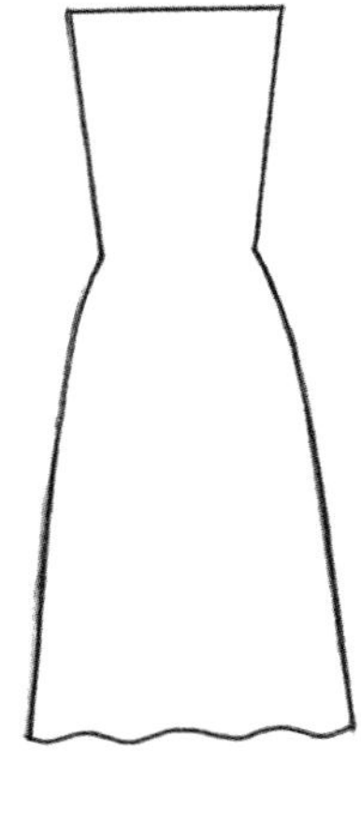

X-line Silhouette

허리 부분을 꼭 맞게 하고 상 · 하를 넓게 하는 실루엣이다.

〈표현 기법〉
어깨와 밑단을 강조하고, 허리를 더욱 가늘게 표현한다.

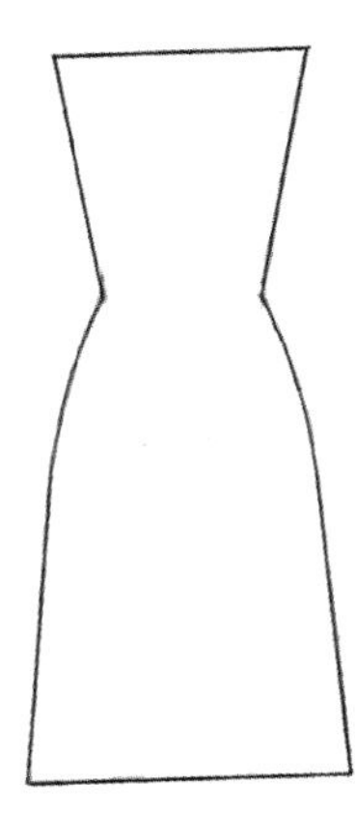

Mermaid Silhouette

상반신과 하반신이 피트되고 헴라인 부분에서 인어의 꼬리처럼 느낄 수 있도록 플리츠나 플라운스를 사용한다.

〈표현 기법〉
인체의 엉덩이 곡선을 그대로 나타내고(가로 또는 사선 주름), 그에 비해 밑단의 플레어와 드레이프의 분량을 충분히 표현한다.

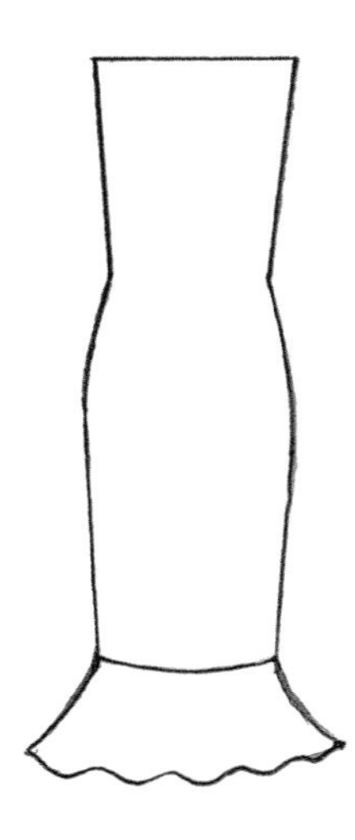

A-line Silhouette

좁은 어깨폭과 평평한 가슴 등 A자 처럼 내려갈수록 차차 펼쳐지는 실루엣이다.

〈표현 기법〉
A라인을 강조하기 위한 A자형 외곽선을 그대로 그리고, 어깨와 팔다리는 가늘게 표현한다.

Eggshell Silhouette

달걀 껍질과 같이 둥그스런 실루엣이다.

〈표현 기법〉

- 인체의 모양에 따라 나타나는 깊은 주름에 주의한다(몸통과 팔 연결 부위, 가슴과 허리 부위 등).
- Egg형으로 둥글게 표현되는 몸통 외에 팔다리는 가늘게 표현하여 옷의 형태를 강조한다.

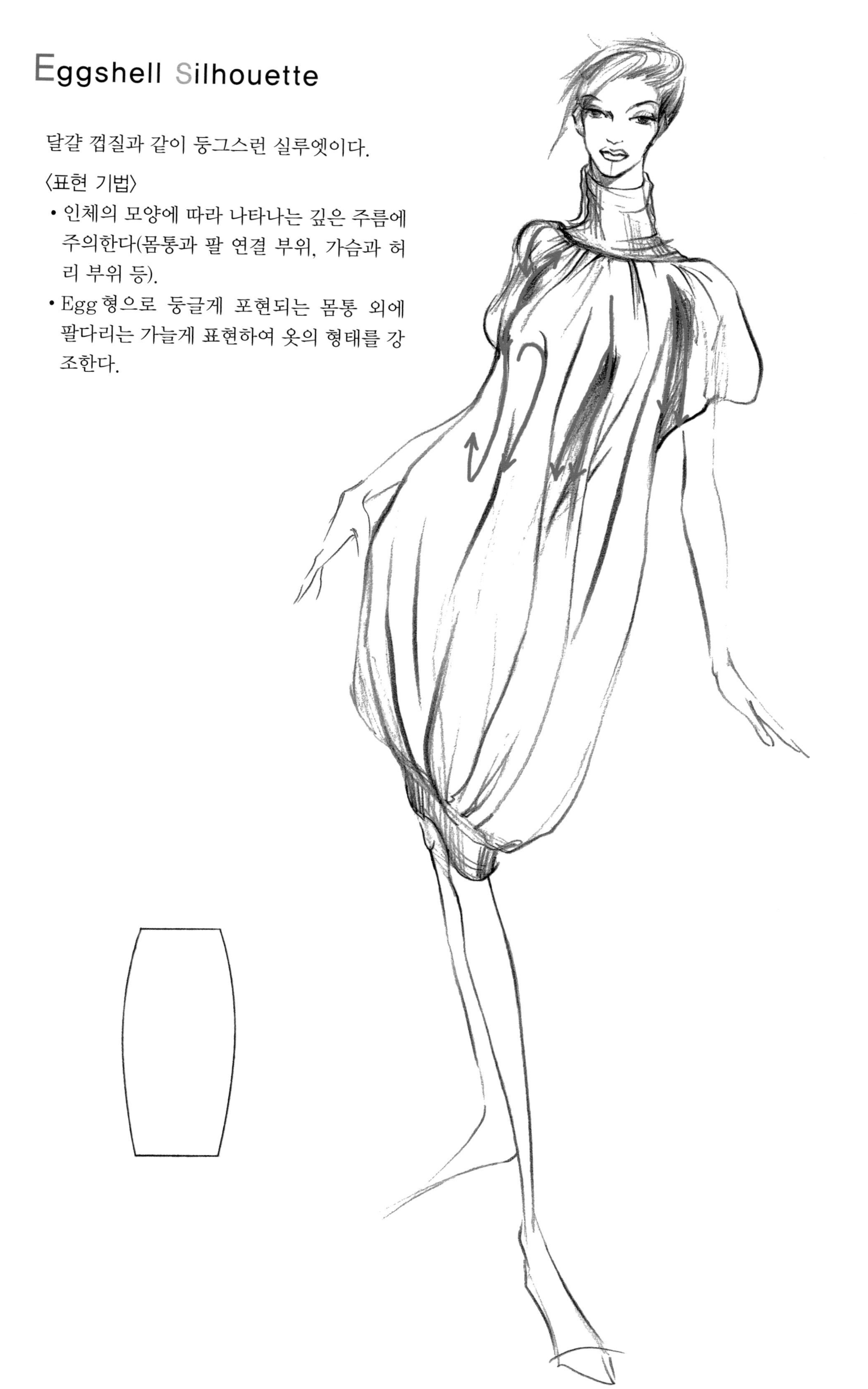

Blouson Silhouette

〈표현 기법〉
허리 부위에 둥글게 부풀린 모양에 따른
곡선적 주름을 표현한다.

Y-line Silhouette

어깨폭을 좌우로 강조하고, 힙에서 스커트 밑단으로 경사치는 형태의 실루엣이다.

〈표현 기법〉
인체의 어깨 폭을 강조해서 표현한다.

Tent Silhouette

텐트처럼 끝단을 향해 넓어지는 실루엣이다.

〈표현 기법〉
A라인 실루엣에 비해 여유분량이 많으므로 A자형의 외곽선은 그대로 유지하고, 세로 방향의 주름을 적절하게 표현한다.

Traingular Silhouette

헴라인쪽을 좁혀서 경사지게 한 실루엣이다.

〈표현 기법〉
어깨선을 강조하고 역삼각형 형태의 주름을 표현하며, 좁아진 면의 가로 주름도 적절하게 표현한다.

Chapter

06 Design별 착장 Illustration

Colored pnecil(색연필)
Watercolor(수채화)
Postercolor(포스터컬러)
Acrylic(아크릴)
Marker(마커)

Colored pencil (색연필)

■ Basic Style

- 9등신
- 밑단 주름을 사실적으로 표현한다.

■ Deformation Style

- 12등신
- 밑단 주름량의 간격을 적절하게 정리하여 표현한다.

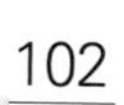

■ Basic Style

• 9등신

〈광택 소재 표현〉
바지는 기본색 컬러링 후 빛이 튀는 부분을 화이트 색연필로 표현한다.

■ Deformation Style

- 12등신
- 가늘고 긴 인체의 외각선을 강조한다 (펜 드로잉).

■ Basic Style

〈트위트 소재 표현〉
조직의 재질에 따라 거친 선으로
컬러링한다.

■ Deformation Style

〈털 소재 표현〉
기본 명암을 살려서 털의 방향에 따라
짧은 터치로 컬러링한다.

■ Basic Style

- 얼굴, 손, 발 등을 사실적으로 표현한다.
- 상의 가죽 재킷은 거친 재질의 가죽으로, 빛의 반사는 적으나 솔기부분의 빛은 튀는 부분을 강하게 표현한다.
- 밝고 어두운 명암을 극대화해서 광택의 느낌을 표현한다.

■ Deformation Style
이미지에 따라 얼굴과 인체선을 변형시킨다.
〈Pleats 표현〉
주름이 접혀 들어가는 부분의 명암을 어둡게 표현한다. 전체 Pleats 중 깊이 들어간 주름과 나온 주름의 명암을 구분한다.
어두운 명암
꺾이는 부분
접혀지는 부분이
좀더 어둡게
플리츠 B
플리츠 A
플리츠 A보다 플리츠 B를 더 어둡게 표현

■ Basic Style

〈반짝이는 소재 표현〉
여러 빛의 각도에 따라 나타나는 컬러의 변화를 표현하고, 어두운 면 안에 튀어보이는 빛을 표현한다.

■ Deformation Style

■ Basic Style

- 어두운 명암과 짙은 색의 소재 표현을 무거워 보이지 않고 투명해 보이도록 물을 적당히 조절하여 표현한다.
- 종이의 재질에 따라 너무 덧칠하면 들떠 보일 수 있으므로 주의한다.

■ Deformation Style

베이식한 표현보다 더욱 투명성을 주어, 수채화의 특징을 살려 경쾌한 이미지로 표현한다.

■ Basic Style

〈울 소재 표현〉

흐린 바닥 컬러에서 진한 색 순서대로 겹쳐서 컬러링하는 기법으로, 바닥 색이 마른 후 위에 다음 색을 겹쳐 셀로판지가 겹쳐진 듯 표현한다.

■ Deformation Style

덧칠하는 작업을 적게 하고,
펜 드로잉으로 완성한다.

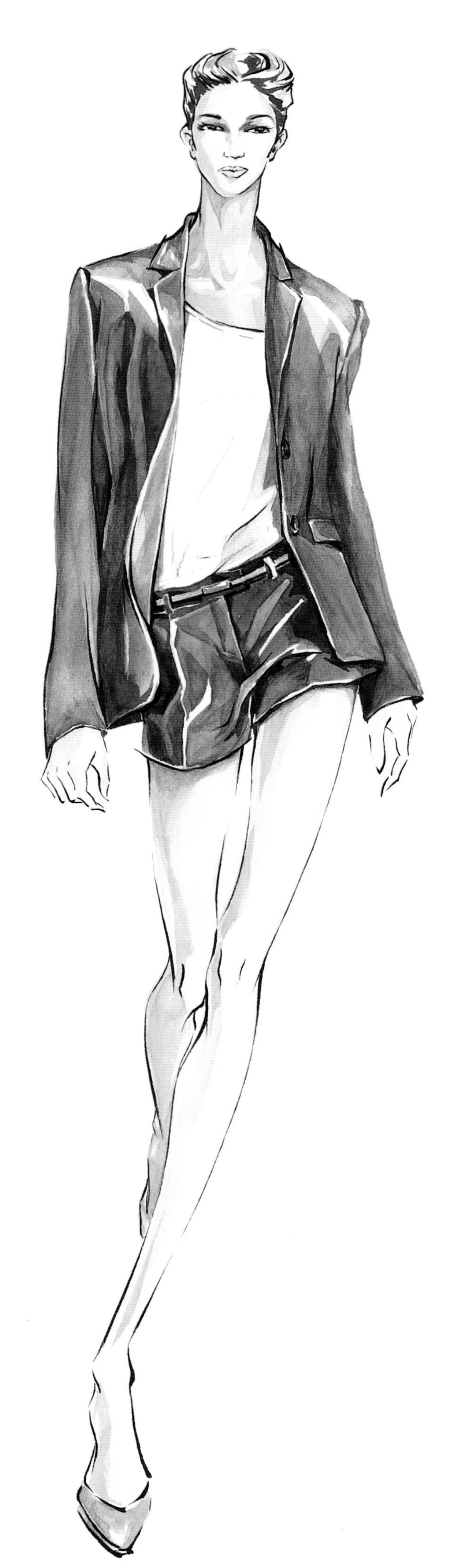

■ Basic Style

〈수채화 털소재 표현〉
붓의 터치를 털의 방향으로 사용하고, 붓을 들면서 터치해 줌으로써 털의 끝이 날렵하게 처리되도록 드로잉 한다.

〈나염 소재 표현〉
기본 명암을 먼저 처리한 후 근거리 나염 모양을 자세히, 원거리 나염 모양은 불분명하게 그려 준다.

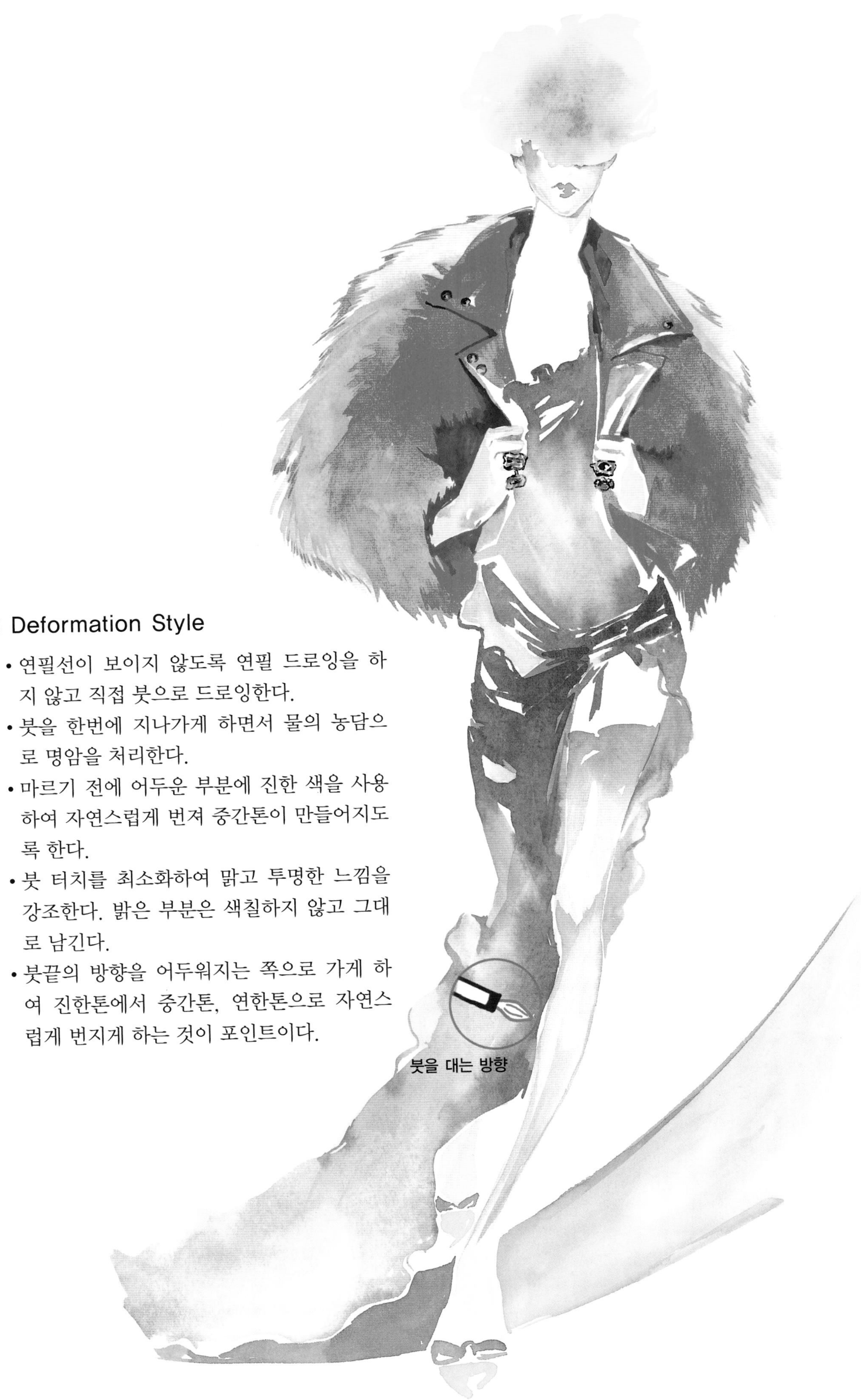

■ Deformation Style

- 연필선이 보이지 않도록 연필 드로잉을 하지 않고 직접 붓으로 드로잉한다.
- 붓을 한번에 지나가게 하면서 물의 농담으로 명암을 처리한다.
- 마르기 전에 어두운 부분에 진한 색을 사용하여 자연스럽게 번져 중간톤이 만들어지도록 한다.
- 붓 터치를 최소화하여 맑고 투명한 느낌을 강조한다. 밝은 부분은 색칠하지 않고 그대로 남긴다.
- 붓끝의 방향을 어두워지는 쪽으로 가게 하여 진한톤에서 중간톤, 연한톤으로 자연스럽게 번지게 하는 것이 포인트이다.

■ Basic Style

〈반짝이는 소재 표현〉
반짝이는 부분은 그대로 남기고 컬러링 한다.

■ Deformation Style

의상과 인체 사이의 그림자를 강하게 하여 간결하면서도 명확해 보이도록 표현한다.

■ Basic Style

〈광택 소재 표현〉

- 진한 색부터 컬러링한다. 주름에 따라 빛이 튀는 부분의 도화지를 그대로 남기고 컬러링한 후 중간톤을 그린다.
- 얇은 펜으로 드로잉한 후 컬러링하여 스커트의 얇은 소재 느낌을 투명하면서도 주름이 퍼지는 것이 아닌 겹쳐지는 듯한 느낌으로 표현한다.

■ Deformation Style

인체의 각도를 좀더 과장해서 표현한다.

〈비치는 소재 표현〉

- 스커트 안에 있는 다리를 먼저 컬러링하고, 마르고 난 후 스커트를 그린다.
- 비치는 소재는 많이 겹쳐지는 부분의 외곽선을 진하게 표현한다.
- 셀로판지가 겹쳐지는 느낌으로 투명하게 컬러링한다.

Postercolor (포스터컬러)

■ Basic Style

〈자카드 문양 표현〉

- 기본 명암을 먼저 표현한 후 문양을 그려 넣는다. 근거리는 자세히, 원거리는 불분명하게 표현한다.
- 가장 밝아지는 부분은 문양 표현이 끝난 후 붓의 물기를 적당히 뺀 후 쓸어내듯이 터치한다.

■ Deformation Style

인체의 각도를 과장하고, 팔다리를 슬림
하게 표현한다.

■ Basic Style

나염이 들어간 소재는 자카드 소재와 비슷하다. 기본 명암을 그린 후 나염을 표현한다.

■ Deformation Style

■ Basic Style

〈데님 표현〉

- 워싱데님에 부분 나염 바지
- 주름 부분 명암을 두껍게 표현하고, 솔기 부분 천의 두께감을 표현해 준다.
- 주름에 따라 바뀌지는 문양의 모양을 잘 관찰하여 표현한다.

■ Deformation Style

인체의 외곽선과 중요한 명암, 포인트가 되는 문양만을 그려서 도발적인 느낌으로 표현한다.

■ Basic Style

〈반짝이는 소재〉
기본 명암을 먼저 표현하고, 그 위에 흰색으로 반짝이는 부분에 하이라이트를 준다.

■ Deformation Style

인체를 좀 더 슬림하게 표현하고, 명암의 단계를 축소하여 반짝이는 느낌과 강한 컬러를 더욱 드라마틱하게 표현한다.

■ Basic Style

〈부드러운 소재의 플리츠 표현〉
깊이 들어간 주름을 강하면서 어둡게 표현하고, 부드러운 소재의 재질 표현을 위해 부드러운 선으로 명암을 처리한다.

■ Deformation Style

- 인체 표현은 간소화하고 디자인의 포인트가 되는 플리츠 부분 등 디테일한 부분만 강조하여 섬세하게 표현한다.
- 다리 부분의 스타킹은 단색으로 컬러링한 후 어두운 명암과 밝은 명암을 각각 물기를 뺀 붓으로 쓸듯이 그려 넣는다. 이때, 붓이 지나가는 느낌으로 조금 빠르게 움직인다.

■ Basic Style

아크릴은 유화와 불투명 수채화의 중간 정도의 느낌으로, 기법 또한 유화적 기법과 수채화 기법을 혼용해서 사용할 수 있다.

〈가죽이나 비닐 소재의 표현〉

- 아크릴이 늦게 건조되는 특징을 살려 물감을 두껍게 사용하여 마르기 전에 도화지 위에서 혼합하여 중간톤을 그린다.
- 아크릴 특유의 재료 광택으로 가죽이나 비닐 소재의 표현에 용이하다.

■ Deformation Style

- 인체의 가슴을 과장해서 표현하고 어깨를 강조하며, 엉덩이를 좁게하여 강렬한 느낌으로 표현한다.
- 물을 많이 섞어서 도화지에 덧칠을 한 후 그 위에 컬러링을 하면 매끄러운 느낌이 더해진다.

■ Basic Style

유사색을 겹으로 덧칠해 줌으로써 부드러운 니트의 느낌과 내추럴한 소재의 재질을 표현한다.

■ Deformation Style

팔과 다리를 가늘게 표현하여 내추럴 한 니트 소재의 의상과 인체의 가는 선으로 여성스럽고 부드러운 이미지를 준다.

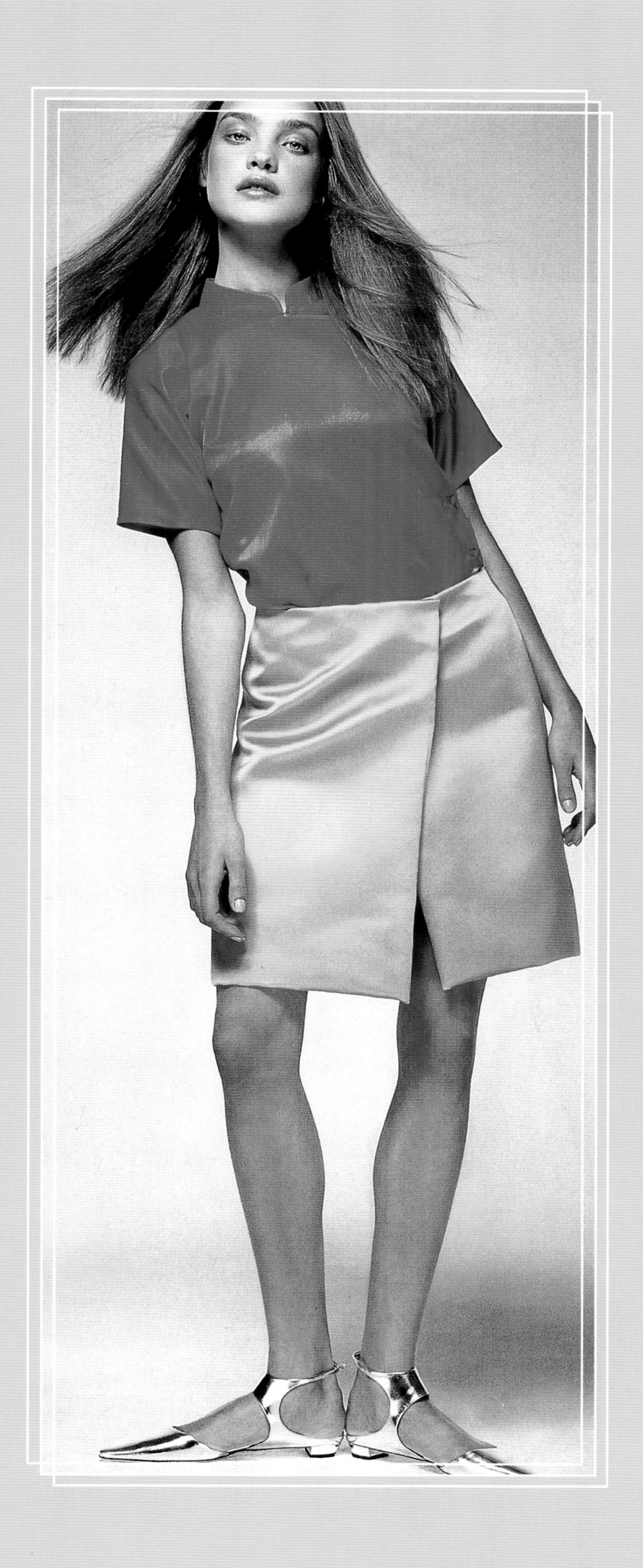

■ Basic Style

〈공단의 광택 소재 표현〉

가죽이나 비닐보다 광택이 은은하고 부드럽게 나타난다. 그렇기 때문에 중간톤을 자연스러운 그라데이션으로 표현하여 고급스러운 느낌을 준다.

■ Deformation Style

의상의 이미지에 따라 얼굴과 헤어스타일을 간결하게 드로잉하고, 인체의 선을 가늘고 길게 표현하여 모던함을 강조한다.

■ Basic Style

〈은은한 광택 소재 표현〉
빛을 머금은 듯한 소재의 표현을 위해 명암의 대비를 강하게 주지 않고, 소재 자체의 은은한 느낌을 살려준다.

■ Deformation Style

- 인체의 엉덩이를 강조하고 명암의 대비를 강하게 표현함으로써 여성의 성숙미를 강조한다.
- 진한 색을 먼저 컬러링하고 마르기 전 밝은 색을 덧입혀 중간톤을 조금만 넣어준다.

■ Basic Style

여유있는 상의의 주름은 풍부한 중간 톤으로 처리해 인체에 흐르는 듯한 실루엣을 표현한다.

■ Deformation Style

소재의 자연스럽고 부드러운 이미지와 대비되도록 강한 터치와 강한 컬러로 멋스럽고 내추럴한 이미지를 강한 이미지로 표현한다.

Marker(마커)

■ Basic Style

- 마커 드로잉의 표현 기법은 선의 묘미를 살려 펜 드로잉을 함께 사용해서 그 완성도를 높인다.
- 밝은 색부터 진한 색 순으로 순차적으로 겹쳐 칠한다. 마커의 선 속도를 균일하게 한번에 처리한다.
- 중간에 머무르면 마커가 번져서 깨끗한 컬러링을 할 수 없게 된다.

■ Deformation Style

인체의 기울기는 강조하고 주름의 선은 필요한 선을 선택적으로 사용하여, 마커 컬러링의 특유의 간결함을 강조한다.

■ Basic Style

〈마커 나염 표현〉
수채화와는 달리 바닥 컬러와 나염 컬러를 구분하여 직접 한번에 그려주고, 그 위로 짙은 색의 명암을 표현한다.

■ Deformation Style

- 인체의 가슴과 엉덩이, 그리고 잘록한 허리를 강조하고 기울기를 과장해서 역동적이면서 여성스러운 느낌을 표현한다.
- 마무리 단계에서 붓펜으로 강한 선을 터치하듯 정리해 그 느낌을 강조한다.

rden

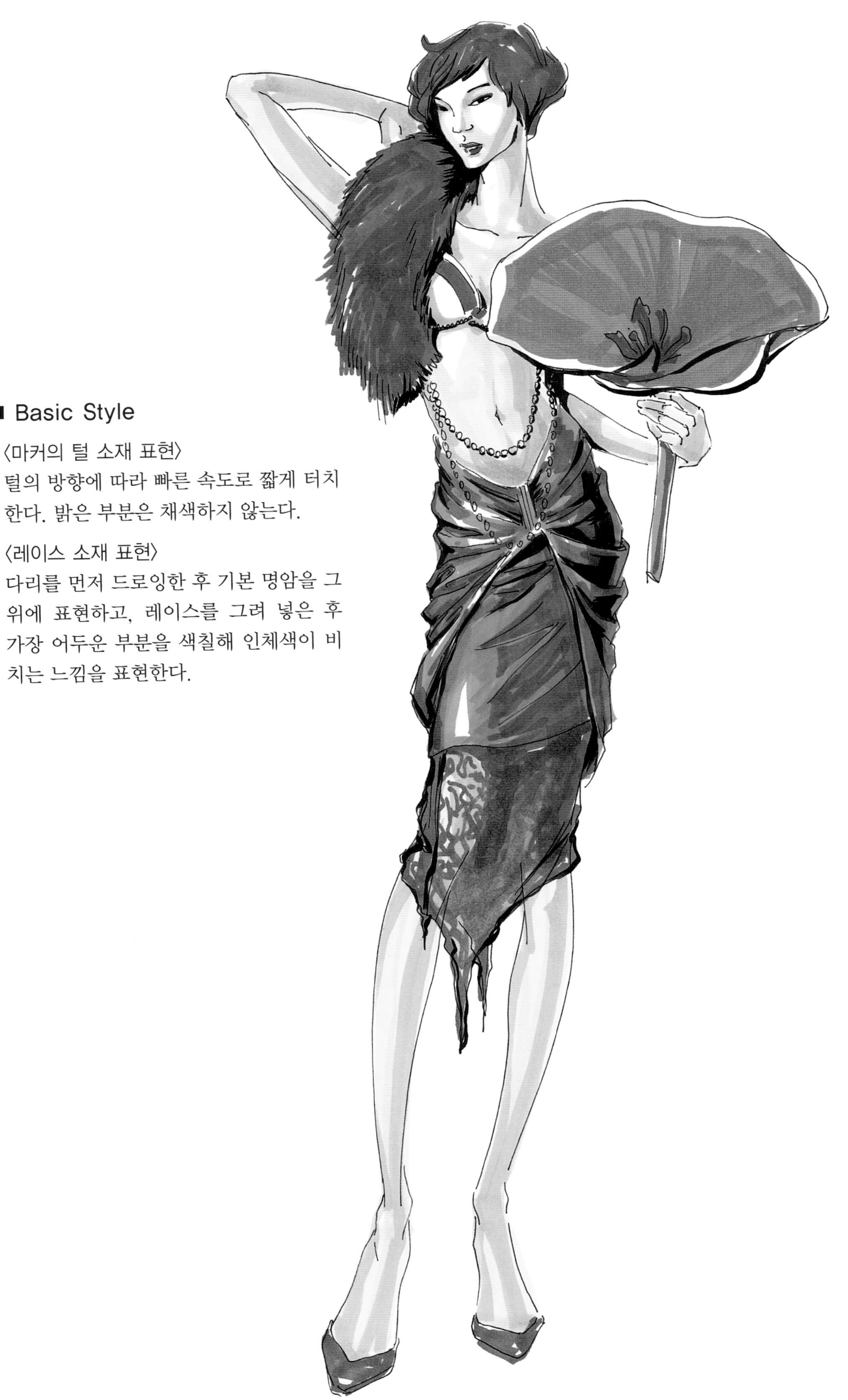

■ Basic Style

〈마커의 털 소재 표현〉
털의 방향에 따라 빠른 속도로 짧게 터치한다. 밝은 부분은 채색하지 않는다.

〈레이스 소재 표현〉
다리를 먼저 드로잉한 후 기본 명암을 그 위에 표현하고, 레이스를 그려 넣은 후 가장 어두운 부분을 색칠해 인체색이 비치는 느낌을 표현한다.

■ Deformation Style

슬림한 인체 표현으로 감각적인 세련된 느낌을 표현한다.

■ Basic Style

〈마커의 광택 소재 표현〉
밝게 빛이 튀는 부분을 제외하고 진한 명암 부분을 바로 색칠한다. 중간톤을 정리하듯 살짝 넣어준다.

■ Deformation Style

- 세부 표현은 절제하고 빠르고 강한 선으로 한번에 드로잉한다.
- 마무리 단계에서 붓펜으로 간결하게 정리한다.

■ Basic Style

- 밝은 색부터 진한 색 순으로 컬러링한다.
- 밝은 색 문양부터 순차적으로 진한 색 문양을 드로잉하고, 그 위에 기본 명암을 넣는다. 원거리 문양은 중간톤의 색으로 두세 번 덧입혀 색칠하면 그 형태가 불분명해진다.
- 붓펜으로 부드러운 외곽선을 처리한다.

■ Deformation Style

가는 팔다리와 베이식한 스타일보다 조금 커진 엉덩이의 인체 표현으로 의상에서 보여지는 엘레강스한 이미지를 더욱 강조한다.

FASHION
ILLUSTRATION

패션 일러스트레이션

2005년 3월 10일 1판 1쇄
2010년 7월 25일 1판 5쇄
2016년 2월 15일 2판 2쇄

저자 : 안현숙 · 배주형 · 손무늬
펴낸이 : 이정일

펴낸곳 : 도서출판 **일진사**
www.iljinsa.com

(우)04317 서울시 용산구 효창원로 64길 6
대표전화 : 704-1616, 팩스 : 715-3536
등록번호 : 제1979-000009호(1979.4.2)

값 20,000원

ISBN : 978-89-429-1331-2